高职高专"十二五"规划教材

服装美术基础

第二版

张艳荣　罗　峥◎主编

FUZHUANG

MEISHU JICHU

化学工业出版社

·北京·

本书针对高职院校服装专业的具体特点，以及不同层次的学生现有美术基础现状，采用图文并茂的形式，浅显易懂地进行了美术基础理论和技法的讲解，将基础知识的训练与专业特点结合起来，重视应用训练，突出了实用性。

　　主要内容有：素描基础知识、透视基本原理、素描几何形体写生、人物速写、素描静物写生、素描石膏头像写生、设计素描、色彩绘画的工具材料和特性、色彩基础知识、色彩静物写生、色彩风景写生和色彩设计等。

　　本书适用于高职高专服装专业使用，也可供从事服装设计与制作的人员学习与参考。

图书在版编目（CIP）数据

　　服装美术基础/张艳荣，罗峥主编. —2版. —北京：化学工业出版社，2012.4（2021.9重印）
　　高职高专"十二五"规划教材
　　ISBN 978-7-122-13688-6

　　Ⅰ．服…　Ⅱ．①张…　②罗…　Ⅲ.服装-绘画技法-高等职业教育-教材　Ⅳ.TS941.28

　　中国版本图书馆CIP数据核字（2012）第034911号

责任编辑：陈有华　蔡洪伟	文字编辑：向　东
责任校对：陶燕华	装帧设计：尹琳琳

出版发行：化学工业出版社(北京市东城区青年湖南街13号　邮政编码100011)
印　　装：中煤（北京）印务有限公司
787mm×1092mm　1/16　印张13½　字数313千字　2021年9月北京第2版第6次印刷

购书咨询：010-64518888　　　　　　　　　售后服务：010-64518899
网　　址：http://www.cip.com.cn
凡购买本书，如有缺损质量问题，本社销售中心负责调换。

定　　价：58.00元

第一版前言

《服装美术基础》是根据高等职业教育的特点，在充分考察服装专业学生现有知识状况的基础上，遵循因材施教的教育思想，本着培养技术应用型专门人才的宗旨而编写的。

服装美术基础是学生必修的专业基础课，主要是培养服装专业学生的造型能力和对色彩的感知能力。本书通过训练学生正确的观察方法和表现方法，围绕服装专业学生对服装专业的美术基础知识进行了重点、系统的讲解，它有别于传统的美术基础课教学，能使学生在较短时间内掌握美术基础课程的内容。在此基础上，设置了设计素描和设计色彩的学习内容，以进一步提高服装专业人员的艺术造型能力和修养，为今后从事服装设计打下良好的基础。

本书在编写中力图突出以下特点。

1. 浅显易懂

本书针对高职院校服装专业的具体特点，以及不同层次学生现有的美术基础状况，浅显易懂地进行了美术基础理论和技法的讲解，并配有大量的图片，一方面方便学习者摹写，另一方面可以开阔学习者眼界，以进一步提高欣赏水平。

2. 针对性强

服装专业学生学习美术基础知识的最终目的是应用于服装设计或制作。在本书的编写过程中，针对服装专业的特点和要求，紧密围绕服装进行美术基础的传授和课程安排，选用图片与专业课紧密相关，将基础知识的训练与专业特点结合起来，有别于以往的传统美术教学，突出实用性，以适应当前社会对服装专业人员的要求。

本书为高等职业学校服装类专业教材，也可以为服装设计与制作人员提供帮助，是服装爱好者的良师益友。

本书由张艳荣、罗峥主编。第一、四、十章由张艳荣编写，第二、六、十一章由罗峥编写，第三、五、八章由窦彬编写，第七章由吕岱松编写，第九、十二章由李莹编写。全书由张艳荣统稿。

本书由山东农业大学美术系王苗教授主审，她对本书提出了许多宝贵的意见；本书在编写过程中，得到了有关专家的支持和帮助；在此一并表示衷心的感谢。

由于编者水平有限，不足之处敬请读者批评指正。

编者
2007年3月

前 言

　　服装美术基础是高等职业学校服装设计专业的基础课程，主要培养学生的造型能力和对色彩的感知能力。编者针对服装专业的具体特点和学生对美术知识的需求，对其内容进行了优化。通过理论讲授与实践，主要训练学生正确的观察和表现方法，使学生能在较短时间内了解掌握美术基础知识，循序渐进地通过实践课程不断提高学生的造型能力和色彩表达能力；另外，还制定了设计素描和设计色彩的学习，以进一步开阔学生思维，增强设计观念，提高其艺术造型能力和修养，为今后从事服装设计打下良好的基础。

　　本书采用图文并茂的形式，浅显易懂地进行了美术基础理论和技法的讲解，并配有大量的图片，一方面方便学习者摹写；另一方面可以开阔学习者眼界，以进一步提高其设计意识和创作能力。

　　本书将基础知识的训练与专业特点结合起来，突出实用性，选用图片与专业课题紧密相关，以适应当前社会对服装专业人员的要求。

　　本书为高职高专服装专业的教材，也可供服装设计与制作人员参考。

　　本书由张艳荣、罗峥主编。第一、四、十章由张艳荣编写，第二、六、十一章由罗峥编写，第三、五、八章由窦彬编写，第七章由吕岱松编写，第九、十二章由李莹编写。

　　本书由山东农业大学美术系王茜教授主审，她对本书提出了许多宝贵的意见；本书在编写过程中，参考借鉴了部分同行的文献，得到了有关专家的支持和帮助；在此一并表示衷心的感谢。不足之处敬请批评指正。

编者
2012年1月

目　录

目 录

目 录

目 录

目 录

目 录

目 录

第一章　素描基础知识

- 第一节　素描概述
- 第二节　素描的工具和材料
- 第三节　素描的画前准备工作

学习目标

　　掌握正确的观察方法和表现手法，学会运用正确的造型手段去塑造形体，以进一步提高审美能力和形象思维能力，为今后的服装设计打下坚实的基础。

第一节　素描概述

一　素描的概念

"素描"一词通常指用单色进行描摹勾画的一种绘画形式，它属于绘画的范畴，是一切造型艺术的基础。

广义上说，不管材料、形式、色彩有何不同，只要是由一种单色表现对象的作品就属于素描的范畴。例如，中西方的早期岩画、中国画中的单色白描、速写、全因素素描（西方传统素描）、设计素描等。

二　素描的特性

素描排除了色彩因素，使作画者能更为集中地观察和表现对象的形体空间、块面结构、质感和量感等因素，比较全面地观察和表现物象，是培养学生的缜密思维、系统理解和掌握艺术规律的有效方法（见图1-1）。

◀ 图1-1　妇女半身像（法国，华托　作品）

素描是一门独立的画种，有着自己独特的表现形式和视觉语言，既可为美术创作收集素材，又可以是设计的草图或正稿，许多艺术家和设计师利用它进行创作和设计，由于专业领域的不同，他们的艺术审美及作品也呈现出不同的形态。服装专业的设计者也多以这种方式去搜集材料、记录形象，并结合着立意设计初稿，直至作品完成。他们的素描大多突出线性表现，适当地弱化了空间和量感等因素，注重风格线的表现。

作为一名时装设计者，要求具有较强的素描能力，素描功底的高低，将直接影响到设计意图的传达。因此初学者应当注重素描的学习，培养正确的观察方法和表现方法，运用艺术规律和形式美法则，确切地表达自己的设计意图。

第二节　素描的工具和材料

了解绘画的工具和材料的特性是很重要的，工具和材料的选择将直接影响到作品立意和画面的最终的表现效果。这一节将重点介绍素描的常用工具、材料及其使用方法。

一　素描的工具和材料

1. 笔

古今中外绘画史上，素描的用笔种类颇多。这里仅介绍应用较多的铅笔和炭笔两大类。

（1）铅笔　铅笔是素描绘画中最常用的一种，通常包括木制铅笔、自动铅笔和彩色铅笔三种，铅笔铅质圆润光滑，便于掌握。其中木制铅笔最为常用，木制铅笔具有深浅软硬不同的表现力和较好的可修改能力。其中，HB为中性铅笔；H～6H铅质越来越硬，色度越来越浅；反之，B～6B铅质越来越软，色度越来越深。一般素描使用HB～6B的铅笔，2H～6H的铅笔笔芯太硬，不利于表现黑白灰关系，又容易损伤纸面，故不多用。作画者可根据需要选择合适的铅笔（见图1-2）。

（2）炭笔　炭笔一般包括炭铅笔、炭精条及木炭条等（见图1-3）。

炭铅笔和炭精条具有较强的附着力，适合暗部调子的涂抹，视觉效果强烈，不易修改。炭精条有黑色和棕色两种，其特点是既可以进行较为细致的刻画，又可以大面积涂抹，表现出丰富的画面效果，但由于不易修改，初学者不易掌握。木炭条铅质极软，易被覆盖、抹去，特别适合创作性作品的起稿。作画者可根据绘画需要进行选择。

2. 纸

绘画所用纸张种类颇多，不同纸质、不同肌理会产生不同效果。铅笔素描用纸多选用质地坚实、表面略粗的素描纸。太光滑的纸画不黑，打铅笔线条时易打滑，用橡皮一擦一团黑而影响画面效果；太柔软的纸则经不起橡皮擦，起毛且易破。

3. 橡皮

　　绘画时，作画者多选用质地柔软而富有弹性的橡皮，这种橡皮既能擦掉笔迹又不损伤画面（见图1-4）。橡皮泥也是不错的选择，还可以用馒头、面包揉成团代替橡皮使用。也有人用较柔软的纸卷成纸笔，一头用胶带包好，一头削成铅笔状，以便在绘画过程中处理一些特殊效果。另外，准备一块较为柔软的布，使用抽或抹的方法处理画面，以增强画面的空间感和质感，也是很好用的。

▲　图1-2　铅笔的种类

▲　图1-3　炭笔的种类

▲　图1-4　橡皮的种类

4. 画板与画夹

画板的大小规格各有不同，初学者多用4开画板（画较大习作时选用较大画板），作画者用图钉把纸固定在画板上，画纸应居于画板中间，四边与画板平行。

画夹内侧有两个袋子便于携带纸张，因此多用于外出时使用，绘画时，可以把画板和画夹放于画架或椅子上使用，也可斜竖放于膝盖上面，一手伸直把住画板上方，另一手执笔作画。

二、工具的使用

1. 铅笔的削法

根据绘画时线条的刻画要求，铅笔一般要削得细长，铅笔芯大约在一厘米左右，加上削后的木质约为三四厘米，硬质的铅可削得细长些，软质的铅要削得稍短些，避免折断。

2. 执笔方法

拿铅笔的姿势与平时写字时执笔姿势不同，素描的执笔方法应以方便使用、符合画面的表现为原则，大体可分为以下两种。

（1）横握式　横握铅笔尖部后大约4～5厘米处（见图1-5），主要以手腕或手臂带动手部运笔，以便于自由转动，多用于起形或整体效果的把握，否则线就画不直、线条不硬朗、明暗不均匀，因而影响画面表现效果。在作画过程中可根据需要转动铅笔，从而变化铅笔尖部与画面的角度进行作画。

（2）斜握式　一般像握钢笔那样，多用小指顶住画面，因其活动范围受局限而多用于细节刻画（见图1-6）。作画者应掌握正确的用笔方法，根据不同位置的画面处理，线条或刚或柔，虚实得当。

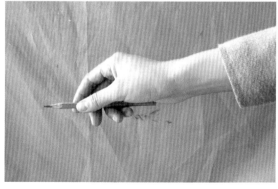

▲ 图1-5　横握式

▲ 图1-6　斜握式

3. 铅笔特性与线条

由于铅笔具有深浅、软硬不同的表现力，因此在作画时要根据需要进行选择。一般来说，暗部较深的地方多采用较软的铅笔；中间的灰调子大多选用HB ~ 2B的铅笔；质地硬而又颜色浅的物体亮部多用H、2H等铅笔进行刻画。如画石膏几何形体这类质地细腻、坚硬，颜色浅的物体，多用4B ~ 2H铅笔。按作画过程，各阶段还有不同要求。一般来说，打轮廓阶段应选择较软的铅笔，起形时轻用力，以便随时修改；铺大面积色调时也应先用较软铅笔，再用较硬的铅笔深入刻画。作画过程要循序渐进，切忌一次涂黑，而应该用打线条的方式，用松动的线条层层去表现，软硬铅结合，刻画出丰富而又含蓄的色调（见图1-7）。

作画时应根据部位不同选择不同的线条排列，线条交叉角度不宜过大，方向变化不要太多太乱。也不可头重尾轻，甚至带钩（见图1-8），行笔速度应均匀，衔接要自然。

▲ 图1-7 正确的线条示例

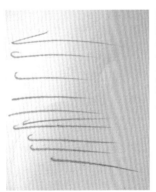
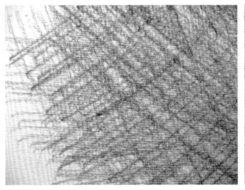

▲ 图1-8 错误的线条示例

第三节 素描的画前准备工作

做好画前准备，了解作画基本常识，对每个初学者来说是很重要的，它是作画的第一步，关系到画面立意的表达和最终效果，初学者应该理解和掌握。

 一、 **光线的选择**

静物写生要求光源稳定，光线集中，不能太散。另外，强度要适中，光线太强、太弱或变化太大，都不宜于写生。写生的光源一般以灯光和自然光为主。

 ### 1. 以灯光作为素描写生的光源

灯光作为素描写生的光源，光线较为集中和稳定。在素描训练的初始阶段，一般选用灯光，有利于作画者掌握形体的结构和明暗规律。

 ### 2. 以自然光为素描写生的光源

画室一般选择北面光，北面光光源相对稳定，能避免阳光直射物体。

二、 **静物的摆放**

静物的摆放应突出主题，讲究形式美感。根据作画者水平，静物的配置应遵循由易到难、由简到繁、循序渐进的原则，物体之间的搭配要合理而巧妙。具体应注意以下几点。

① 形体上要主次分明，注意大小、高低的合理搭配；

② 色调上要求从面积的大小和前后左右位置关系把握，要求黑白灰关系明确；

③ 一组静物，很难从多个角度获得好的构图，所以需要多摆几组静物为画者提供较好的选择。

三、 **作画者姿势及位置的选择**

作画者姿势一般要求自然舒适，在初学阶段养成良好的作画习惯是很有必要的。一般在起形阶段，不管是站着画还是坐着画，都应上身挺直，挥动胳膊带动手腕去起形，与画板保持一定距离，切勿贴得太近。

作画者应与画板保持适当距离，大约以一臂长为宜，这样能看清全画面，养成整体观察、整体起形和刻画的好习惯；画板不宜放置过高或过低，应与作画者视线保持平行（见图1-9）；刻画具体细节时可离画板略近些。

　　写生时，作画者应与写生物象保持一定距离。据研究表明，人的正常视域在60°以内，作画者与描绘对象的最佳距离为不转动头部、不斜视就能看到整个或整组的描绘对象，选择描绘对象高度的二倍到三倍的距离是比较合适的。距离太近会由于透视变化太大而画不准形体，距离太远又容易看不清对象的相互关系。因此，合理选择作画距离既能使描绘对象处于正常视域内，画者又能看到描绘对象的整体结构、明暗等相互关系，适于较好地表现对象。

▲　图1-9　作画姿势

应用训练

　　分别选用不同型号的铅笔，运用正确方式练习打线条。

　　（要求：用松动的线条层层去表现，线条交叉角度不宜过大，衔接要自然）

第二章　透视基本原理

- 第一节　透视图的形成及常用概念
- 第二节　平行透视
- 第三节　余角透视

学习目标

　　通过学习透视的基本知识和几何形体透视的实例分析，理解并掌握平行透视和余角透视的基本原理和表现方法，能绘制一般的平行透视和余角透视图，从而为下一步的绘画写生和专业设计服务。

第一节　透视图的形成及常用概念

一、透视图的形成

在现实生活中人们发现，由于物体远近距离和方位的不同，这些物体在视觉中会发生不同的形状和色彩变化，为此人们将这种"近大远小"、"近实远虚"的视觉反应称为透视现象，把物体透视现象的规律表达在二维画面上的理论和技法叫做透视学。

14世纪文艺复兴时期，意大利画家达·芬奇结合光学和数学的原理在绘画中用线条透视表达物体的轮廓、光影和空间关系，这种线条透视又被称作"几何透视"。自然界中任何复杂的物体都可以概括为几何形状，所以通过学习几何形体的透视规律，逐步掌握物体的透视变化形态，能提高在绘画学习和设计创新中的逻辑思维能力。

二、透视图常用概念

图像视线聚向目点通过的假设平面，就是常说的画面，可以利用图示来了解和学习一些常用的透视概念。

（1）目点　又称视点，指观察者眼睛的位置，可以概括为一点（见图2-1）。

（2）目线　过目点与视平线平行的线（见图2-1）。

（3）基面　指地面或者是物体放置的水平面（见图2-1）。

（4）基线　指画面的底线或底边（见图2-1）。

（5）视高　视平线的高度，在画面中指基线到视平线的距离（见图2-1）。

（6）视距　目点到画面的垂直距离（见图2-1）。

（7）正常视域　视觉清晰，能正常显现画面透视的锥状视线范围，一般指视域中央60°夹角之内的空间（见图2-2）。

（8）心点　画面与中视线的垂直交点（见图2-1）。

（9）距点　位于视平线上心点左右的两个点，距点到心点与心点到目点的距离等长（见图2-1）。

（10）升点　位于视平线上方的点，是向上倾斜变线的灭点（见图2-3）。

（11）降点　位于视平线下方的点，是向下倾斜变线的灭点（见图2-3）。

（12）灭点　指画面透视中变线的消失点。如图2-3中，屋顶的一面向升点消失，另一面向降点消失。

（13）余点　视平线上除了心点、距点以外的灭点。图2-4中，几何体透视线向视平线上的左余点1、右余点2和3消失。

（14）原线　指在透视变化中保持原有状态的直线，即平行于画面的直线（原线有垂直原线、水平原线、倾斜原线三类）。在图2-5中，几何体的实线为原线。

（15）变线　指发生了透视变化的直线，即不与画面平行的直线（有平行线和斜变线两类）。在图2-5中，几何体的虚线为变线。

（16）灭线　不平行于画面的平面透视消失线。如图2-5中的虚线所示。

（17）视平面　过视点，目线及中视线的想象平面（见图2-2）。

（18）视平线　视平面与画面垂直相交的线（见图2-1）。视平线可简单地用字母L表示。

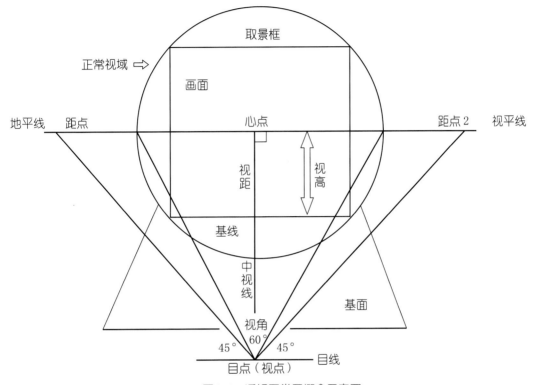

▲　图2-1　透视图常用概念示意图

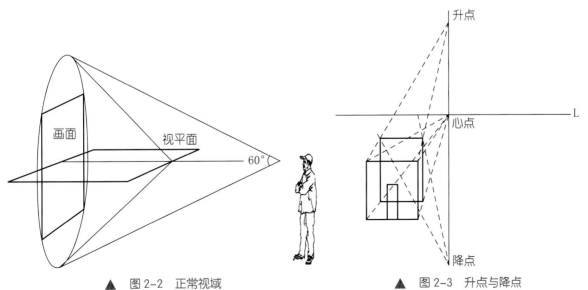

▲　图2-2　正常视域　　　　　　▲　图2-3　升点与降点

（19）地平线　是指视觉中天地交界的水平线。地平线是远处景物在人视网膜上的错觉反映，是虚拟的一条线。在一般情况下，仰视时视平线高于地平线，俯视时视平线低于地平线，平视时地平线与视平线重合（见图2-1和图2-6）。

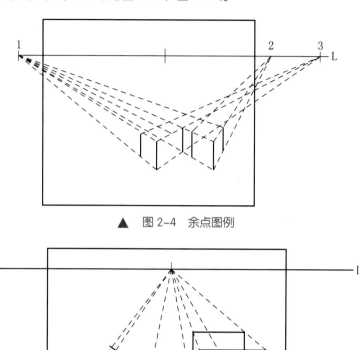

▲ 图2-4　余点图例

▲ 图2-5　原线、变线与灭线图例

地平线 - - - - - - - - - - - - - - - 视平线

▲ 图2-6　视平线与地平线重合图例

第二节　平行透视

一 平行透视的基本概念及特点

1. 平行透视

一般把物体有一个面平行于画面的透视，称为平行透视。立方体的平行透视中，平行和垂直的两组边线（原线）构成了直角平面，其余边线（变线）一同向心点集中，因此平行透视又称直角透视或一点透视。

在图2-7立方体的平行透视中，原线1和2垂直于地平面，3和4平行于画面，其余变线最后向视平线上的心点5消失。

2. 平行透视的特点

平行透视的特点是左右边垂直、上下边平行、透视线（变线）向视平线上的一个心点消失（见图2-8）。平行透视的纵深感强，适合表达庄重对称的画面空间内容。

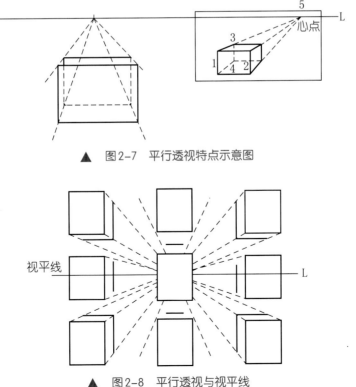

▲　图2-7　平行透视特点示意图

▲　图2-8　平行透视与视平线

二　平行透视基本画法

1. 用心点和参照点确定室内空间透视

① 确定四边形ABCD后，根据画面构图需要标出视平线位置，视平线的高低要合适，然后在视平线上确定出心点位置，若没有特殊构图需要，心点位置不要太偏或居中，如图2-9所示的画面视平线与心点位置组合视觉效果各例。在图2-10中，心点O位于正常视域范围内画面中心位置。

② 以图2-11（a）为例，先确定参照点M（注意M点不宜离心点太远或太近，以免画面进深有视觉误差），从心点位置向画面四个拐角引出透视线，等分线段BD，再从M点分别向分割点E、F引线，交OB线于G、H点，见图2-11（b）。

③ 过H点作BD的平行线HI，四边形BHID即为室内的进深。分别过H、I点作垂线，交OA、OC于J、K两点，连接JK，见图2-11（c），过G点分别作平行线画出墙壁与地面的进深分割线，然后依次从E、F点向心点O引线，完成图稿，见图2-11（d）。

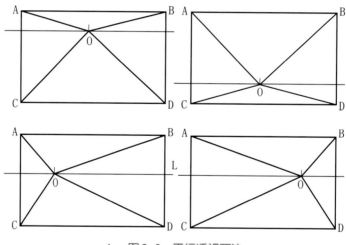

▲　图2-9　平行透视画法

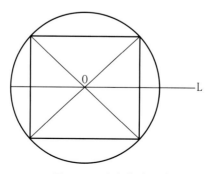

▲　图2-10　心点集中示意图

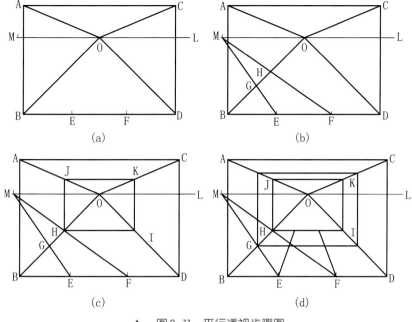

▲ 图2-11 平行透视步骤图

2. 利用对角线等分平行透视面

在矩形ABCD上利用对角线等分平行透视面，其步骤如图2-12所示。

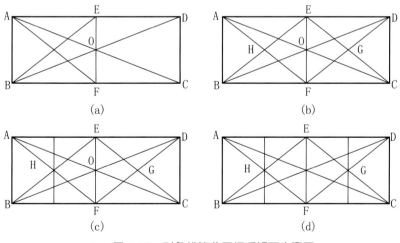

▲ 图2-12 对角线等分平行透视面步骤图

① 在图2-12中，连接ABCD的对角线AC、BD交于中点O，过O点作垂线EF，分别连接对角线AF与BE［见图（a）］，再连接CE与DF，求得两中点H、G［见图（b）］，过中点H、G分别引垂线平分平面ABFE和CDEF［见图（c）和图（d）］。以此类推，可以继续把ABCD等分成若干偶数等分。

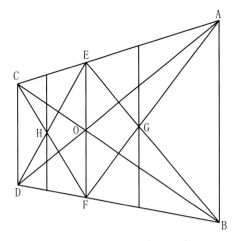

▲ 图2-13 透视分割法示意图

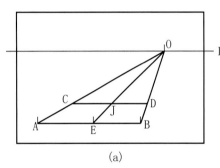

(a)

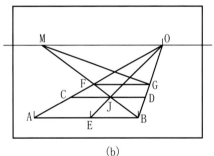

(b)

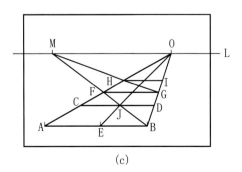

(c)

▲ 图2-14 利用中线作已知
透视平面的相等透视面示意图

② 按以上步骤，同样可等分透视面ABCD（见图2-13）。

3. 利用中线作已知透视平面的相等透视面

如图2-14所示：

① 在ABCD平面中标出边线AB的中点位置E，连接OE交CD于J，见图2-14（a）；

② 连接BJ并延长到视平线上，交点M即辅助灭点，BM与OA相交于F点，过点F作AB的平行线交OB于G点，形成透视平面ABCD的相等透视面CDGF，见图2-14（b）；

③ 按以上步骤，同样可得透视平面ABCD和CDGF的相等透视面FGIH，见图2-14（c）。

4. 利用辅助灭点等分透视面

如图2-15所示：

① 在ABCD平面中过A点作L的平行线AE（注意E点略过D点），连接并延长ED交视平线于M点（即辅助灭点），等分AE于H、G、F点，见图2-15（a）和（b）；

② 过AE的等分点连接M，分别与AD边相交，过各个交点分别作AB边的平行线，分割完成，见图2-15（c）和（d）。

三 平行透视的应用

1. 平行透视在风景画中的应用

在素描、色彩、速写风景画中，利用视平线和心点画出主要物体的透视线，参照透视线定出景物的组合位置进行画面构图。如图2-16虚线所示。

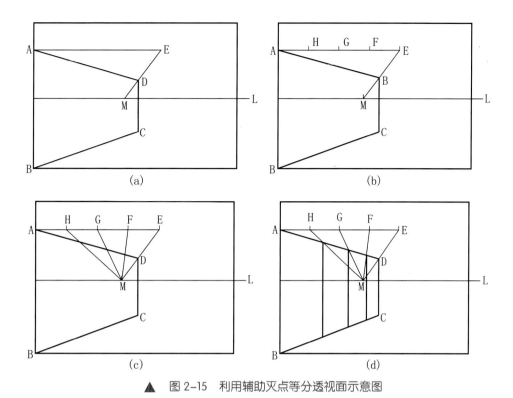

▲ 图 2-15 利用辅助灭点等分透视面示意图

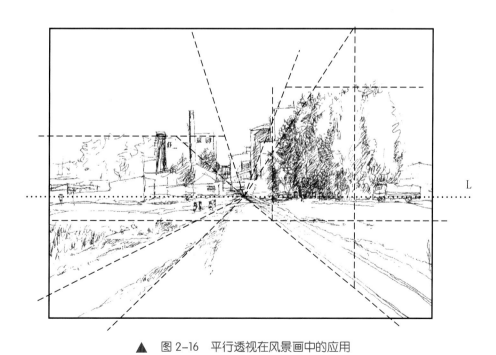

▲ 图 2-16 平行透视在风景画中的应用

2. 平行透视在静物画中的应用

静物起稿时，参照视平线设定心点位置，利用画面辅助线先把静物以几何体的形式概括分割出来，然后画出相应的几何体透视，最后统一协调组合静物形体，使画面静物形体视觉空间感科学合理，如图2-17所示。

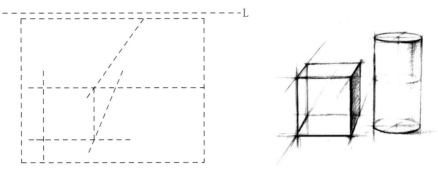

▲ 图2-17 平行透视在静物画中的应用

3. 平行透视在室内空间中的应用

在室内空间透视图的基础上，利用墙高设定出室内物体具体视高，然后根据室内空间长度和地面宽度比例设定出物体的地面透视平面图，先后作平面图角点的垂线与物体视高线相交，过交点向心点引透视线与另外两条垂线相交，得出物体基本的透视形体〔见图2-11（d）〕。参照物体基本透视形体继续细化其局部透视，直到体现出物体整个透视形体特点为止（见图2-18）。

初学者应根据构图需要，确定好心点位置，要避免千篇一律地把心点设在视域正中心，出现四平八稳、过于庄重而缺乏活力的画面构图效果，同时注意为了保持视觉上的合理不宜把视平线和心点放在画面之外。心点位置在视平线上，初学画者可以正前视，将画笔平行横举眼前，当笔杆遮住视线时，笔杆的位置就是视平线的位置，鼻梁对应画笔的交点便是心点。室内透视画法在绘画中应用广泛，将其基本绘制方法灵活应用于画面构图中，可以提高绘画的表达技巧。

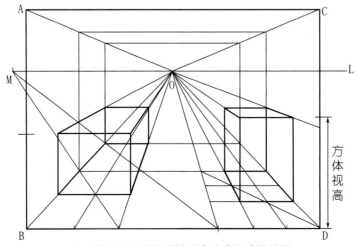

▲ 图2-18 平行透视在室内空间中的应用

第三节 余角透视

 余角透视基本概念

1. 余角透视的定义

人们一般把物体上下面平行于地面，剩余面与画面形成一定角度且互为余角的透视称为余角透视。立方体的余角透视中与画面成角度的两个面和画面构成的两个夹角互为余角，其变线透视分别向左右两个余点消失，因此余角透视又叫成角透视或两点透视（见图2-19、图2-20）。

2. 余角透视特点

余角透视的特点是垂直，向左右余点消失（见图2-21）。

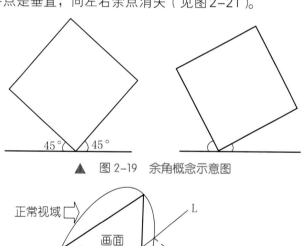

▲ 图2-19 余角概念示意图

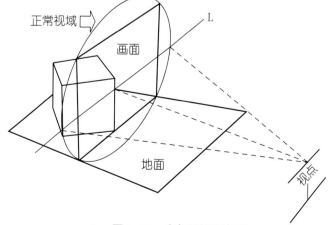

▲ 图2-20 余角透视示意图

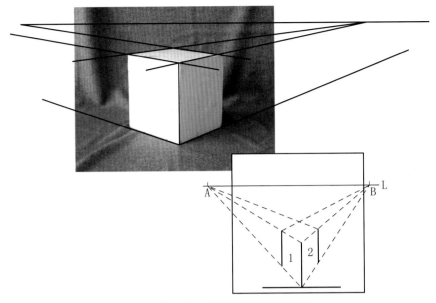

图 2-21　余角透视特点示意图

二 余角透视基本画法

现以室内空间为例来讲解余角透视基本画法。其步骤如下。

① 首先按画面大小确定好墙角线 H 高度，然后定出视平线 L 位置，画出室内地面空间长和宽的透视参照线，等分线段，标出刻度分割点（注意分割线长度比例应与墙角线 H 高度相对应）。在视平线上定出两个测点 M，位置在长和宽的分割线略靠内一点，随后在视平线上定出两个灭点 V，两个灭点的位置距离要确定在两倍以上 H 高度的视平线左右（见图2-22）。

② 由两个灭点 V 分别过墙角线 H 上下两端画出地角线和顶角线，从两个测点 M 分别经刻度分割点画出与地角线的透视交点。从 A、B 两点向上作垂线与顶角线相交，此时两个墙面已经形成（见图2-23）。

③ 由两个灭点 V 分别经地角线的透视交点引线画出地面网格，从地角线的透视交点依次向上作垂线与顶角线相交，从而确定出顶角线的透视交点，以上述同样的方法可以画出顶面网格（见图2-24）。

④ 继续从两个灭点分别经墙角线 H 上的任意刻度点引墙面透视线，最后擦除辅助线，余角室内透视空间形成（见图2-25）。

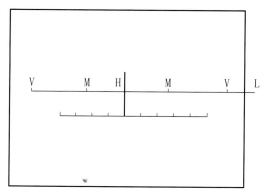

▲ 图2-22 余角透视步骤（一）

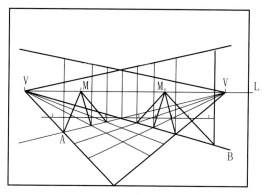

▲ 图2-23 余角透视步骤（二）

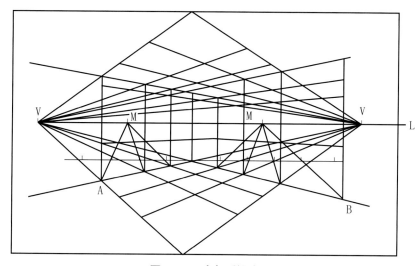

▲ 图2-24 余角透视步骤（三）

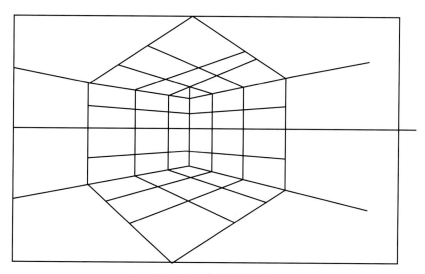

▲ 图2-25 余角透视步骤（四）

三 余角透视实例分析

1. 静物写生

在感性理解的基础上，可利用透视辅助线确定出物体基本形体比例和左右形体结构对应点，然后参照透视线与透视点精确地塑造出静物的形体特征（见图2-26）。

2. 风景写生

参照视平线和余点位置，画出物体空间的主要透视线，根据所画透视线进一步确定物体的具体方位，确定画面构图（见图2-27）。

3. 画人物

可参照视平线的高低位置，利用透视辅助线理解人物的基本形体比例结构，有助于我们掌握和塑造人物形体特征（见图2-28）。

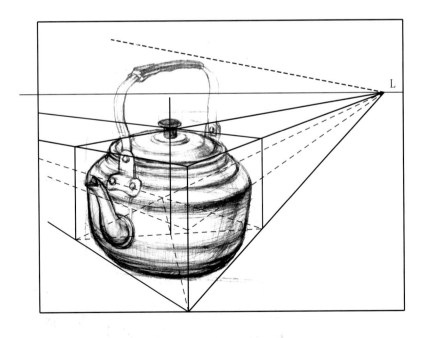

▲ 图 2-26 静物写生中余角透视实例

L

余点

▲ 图 2-27　风景画中余角透视实例

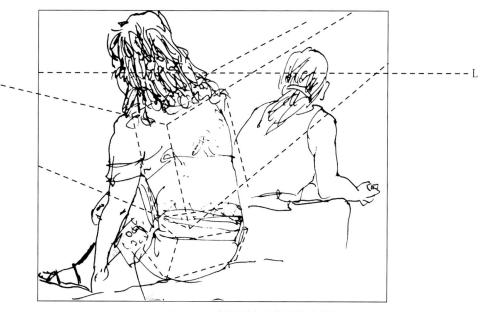

L

▲ 图 2-28　人物画中余角透视实例

应用训练

1. 什么是平行透视？现实生活中如何正确应用平行透视？

2. 应用余角透视基本画法，作室内空间余角透视图一张。

3. 余角透视画法在绘画中有何作用？余角透视如何在绘画中灵活体现？

第三章 素描几何形体写生

- 第一节　素描的基本因素
- 第二节　素描几何形体写生步骤

学习目标

　　理解形体与结构、形体与明暗的关系，掌握石膏几何形体的结构和明暗规律，树立强烈的形体意识，达到灵活运用的目的。

第一节　素描的基本因素

意大利文艺复兴时期著名的雕塑家、画家米开朗基罗认为，万物可以看作是由无数方和圆的体积组合而成的。对于刚刚接触绘画的学生来说，进行素描几何形体写生，是熟悉和正确理解形体结构、树立形体意识和造型意识的重要途径，通过对石膏几何形体的写生练习，将有助于研究分析物体的结构及明暗规律，准确把握物体的形体关系，素描几何形体写生将为今后进一步学习写实绘画打下坚实的基础。

一、形体与结构

1. 石膏几何体的形状与结构

形状是形体的外在形态，是最直观、最基本的外在表现特征。结构是形体的内在形态，它体现了形体本身的内在变化转折以及形体之间的穿插组合（见图3-1）。

众所周知，不同形体往往具有其自身的形态特点。形状和结构是形体特征的重要体现，正确地观察、分析、理解形体的形状与结构，是准确、恰当地表现立体对象的前提，也是画好素描写生的关键。

石膏几何形体外形规整、造型简单、颜色单一，有助于初学者进行写生练习。按照形态和结构，石膏几何形体可分为两类，一类是基本几何体（见图3-2），另一类是穿插几何体（见图3-3）。

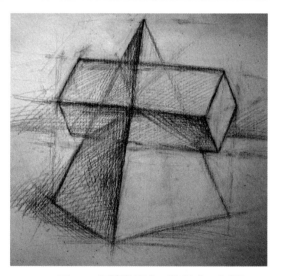
▲　图3-1　石膏体写生（张跃龙　作品）

▲　图3-2　基本几何体

▲　图3-3　穿插几何体

2. 人体的体面关系

服装美术基础归根结底要服务于服装设计和制作，而服装设计和制作要求正确地理解掌握人的形体和结构，从而设计出更符合人体结构和运动规律的服装。

人体由头、颈、躯干、四肢四部分组成，在写生中，不妨将人体看作是一些几何形体的组合。例如，头部是一个球体，躯干是长方体等（见图3-4），在此基础上，每部分形体又可分为若干小几何形体；例如，头部分为脑颅和面颅，可以看作是椭圆体和长方体的组合，面颅又有额骨、鼻骨、颧骨、颌骨等，面颅可以看作是长方体、半圆柱体等形体的组合（见图3-5）。躯干由胸、腰、胯组成，也可以看作是长方体和圆柱体的穿插组合等，这在美术学上称之为几何化归纳法。

由此可见，在理解人的结构体块关系时，可以完全将其看作是构成人体的一些几何形体，在人体运动时穿插组合的结构发生了变化（见图3-6）。练习几何形体写生，可以很好地引导和帮助理解、掌握人体的形体变化规律，为将来的学习打下坚实的造型基础。

（二） 比例与透视

要画好石膏几何形体，单单了解它的形体和结构还不够。准确的造型是画好素描的前提和基础，而准确的造型需要依赖正确的比例和透视。比例是指物体本身整体与局部，以及局部之间的比例关系；透视是绘画过程之中反映物体本身和物体之间近大远小的规律。在几何形体写生中，既要考虑画面单个几何体的比例和透视关系，还要兼顾多个几何体之间的大小、位置、比例和透视关系。

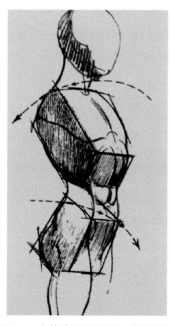

▲ 图3-4 人体素描（波恩·霍加思 作品）

▲ 图3-5 头部素描（伯里曼 作品）

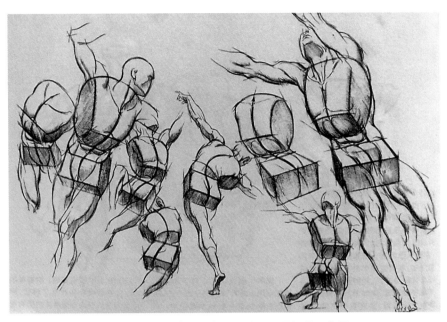

▲ 图3-6 人体运动素描（波恩·霍加思 作品）

1. 单个几何形体的比例和透视

单个几何形体的比例和透视关系相对比较单一和明确。简单的几何形体如正方体、长方体、圆柱体、圆锥体等的透视规律在前面已经学习，这里就不多讲了。需要注意的是，在进行素描练习时，要正确理解和把握几何形体在不同视点下透视的状态差别（见图3-7）。

2. 组合几何形体的比例和透视

组合几何形体相对比较复杂一些，它是由多个几何形体组合而成，并同时置于同一立体空间内。要表现好组合几何形体这一课题，除了要表现好单个物体的比例和透视，还要解决好物体和物体之间的比例和透视关系，使它们统一于同一个透视空间中（见图3-8）。进行组合几何形体素描练习时，物体相互之间的位置和距离要精确，比例和透视关系要恰当。

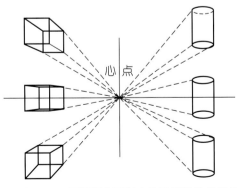

心点

▲ 图3-7 不同视点下长方体及圆柱体的透视

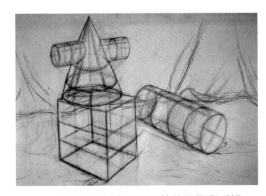

▲ 图3-8 组合几何形体的比例和透视

(三) 光影与明暗规律

不透明的物体在光线下会产生受光部和背光部，往往还会出现投影。那是因为物体表面有起伏和转折，或者形体有内在结构的穿插，这种随着物体的起伏变化而产生丰富变化的明暗现象，称之为素描的明暗规律。利用明暗规律表达和描绘物体立体的视觉效果，是进行素描练习的常用方法（见图3–9）。

1.明暗调子产生的原因

素描练习中，在光线照射下，物体呈现的明暗效果，称之为明暗调子。由于物体表面接收到光线照射的角度不同，与光源的距离远近也不同，造成了物体丰富的明暗光影变化（见图3–10）。

▲ 图3–9 穿插体在光线下的明暗现象

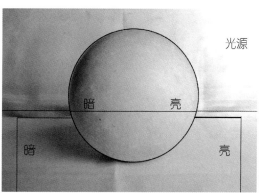

▲ 图3–10 球体的明暗光影变化

2.三大面、五调子

在素描写生过程中，要表现好形体的光影明暗调子，需要了解、认识物体的明暗调子规律。我们可以从正方体和圆球体入手，来理解分析如何运用明暗调子塑造几何形体。一束光线照射在正方体或是圆球体上，一方面，物体产生出受光部分和背光部分，称之为亮部和暗部；另一方面，由于物体不同形体面所处的空间位置不同，所受光线照射的角度不同，除了明和暗以外，物体往往还会呈现一些灰的层次，物体在光线照射下产生的黑、白、灰三个大的明暗层次，在素描中称为"三大面"（见图3–11）。亮部和暗部交界的区域是形体和结构的转折部分，它受到环境反射光线影响最小，形体结构的转折变化也最具体、最清晰，这种明

▲ 图3–11 立方体的三大面

暗交界部分称之为明暗交界线；在物体的背光部虽然没有受到光线直接照射，但还是会受到周围环境的间接反射光的影响，使物体暗部的某些部位产生微妙的色调变化，称之为反光；物体遮挡光线而产生的影子，称之为投影。物体的亮部、暗部、明暗交界线、反光、投影共同组成了明暗素描的"五调子"，见图3-12（a）球体五调子的实物及（b）该球体范画。

在素描写生过程中，准确把握和运用"三大面"、"五调子"，是表现物体立体感、空间感和形体结构的重要方法和手段。在表现物体的时候，要充分发挥素描的明暗调子优势，充分拉开物体明暗层次，形体的明暗调子层次越丰富，物像就会表现得越细腻、越具体、越饱满。例如，为进一步拉开层次，可在黑、白、灰三个基本明暗调子的基础上，亮部再细分为光线垂直照射的高光部分、亮灰部分、浅灰部分；暗部细分为反光区域的中灰部分、接近明暗交界线的重灰部分等（见图3-13）。

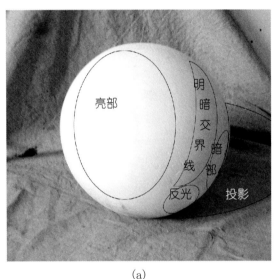

(a)　　　　　　　　　　　　　　　　(b)

▲　图3-12　球体五调子的实物与范画

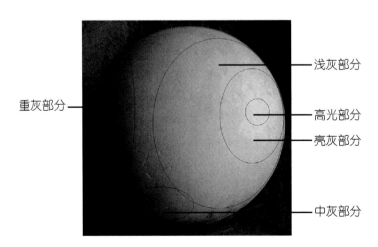

▲　图3-13　球体基本明暗调子的细分

第二节 素描几何形体写生步骤

素描的手法多种多样，作为基础的写实性素描几何形体写生，这里只介绍最基本的两类：一类是结构素描，另一类是明暗素描。

一 结构素描的写生步骤

在素描写生中，忽略物体所处环境、光影、质感、固有色等因素，突出表现形体的结构变化规律，从而深刻分析和体现物体的形体比例、体积和透视关系，这种素描塑造方法叫做结构素描。进行几何体结构素描练习，将有助于提高对形体穿插变化的理解，加深对服装造型设计中的结构认识。

1. 整体观察分析

进行结构素描练习，动笔之前，先要经营和设计好画面。首先要对绘画对象进行整体的观察分析，观察分析简单来讲就是看东西动脑筋，通过仔细观察和分析，对形体有一个基本的理解，对画面有一个整体把握，从而掌握绘画的主动性。这既需要对每个物体的大小、位置、体积以及自身的结构比例、透视等有一个较为具体的认识，还要注意整组物体的构图和联系，使每件物体的单一透视完全统一于支持面（一般指桌面）的整体透视之中，使局部和单个的形体结构置于统一的立体空间关系中。

2. 构图起形

构图起形阶段的工作非常重要，这如同建造高楼大厦，必须做好基础和框架，有了一个坚固严谨的基础框架，整个建筑的雏形就确定了，下一步的工作才好开展。在构图的时候，首先要根据自己观察的位置和角度，选择画面的构图方式。例如，根据物体的数量和摆放的宽度可选用横构图、竖构图；根据物体摆放位置和组合形状可选用三角形构图、梯形构图、"S"形构图等。为了便于观察，可以利用卡纸取景器或者利用手势构图（见图3-14）。构图完毕以后，接下来开始落笔，这个步骤称为起形。起形的时候，一般来说，要在整体观察的基础上，确定画面上物体的最高点、最低点以及两端的位置，确定整组物体在画面上所处的大致区域。然后，再进一步确定每一个分组、单个物体所在的位置和大小。要注意，这个阶段的任务是确立画面基本的形体和位置关系，切忌只顾局部观察，还要仔细观察整组物体的基本结构关系，反复比较物体之间的位置、比例和透视关系，兼顾物体前后、远近的微妙透视变化，充分保持画面的整体统一。

3. 形体内部结构的表现

构图起形阶段的任务基本完成后，将要进行形体内部结构的表现。这个阶段要对每个形体的结构转折、透视进行认真地分析和描绘，对每个细小的形体变化都要力争做到面面俱到、细致入微，可以将每个物体理解为不同几何形体的组合。例如，瓶子可以理解为圆柱体和圆台的组合（见图3-15），面包可以理解为圆柱体和方体的组合等。还可以适当添加周围环境及明暗调子，加强空间与结构的关系。与此同时，还要兼顾画面的统一协调、线条的虚实强弱、物体的前后对比、光线的明暗方向等。经过有意识地强调和调整，最终将自己对物体形体结构的理解和感受直观地展现出来。

▲ 图3-14
手势构图法和卡纸取景器构图法

▲ 图3-15
瓶子及其形体结构图

（二）明暗素描的写生步骤

明暗素描是写实素描的重要表现方法，它通过分析光线照射对物体的影响，运用明暗调子的微妙变化和虚实对比，表现画面的空间气氛以及物体的结构变化、体积、质感、重量感、固有色等。其写生步骤可以按图3-16所示的明暗素描作品静物为例加以说明。

◀ 图3-16 静物

1. 观察构图

在进行明暗素描构图时，除应注意前述构图要求外，还要认真观察分析光影明暗的变化，对画面的明暗关系要有一个总体的把握（见图3-17）。

2. 塑造基本形体

几何型体外形规整，结构明确，光影变化清晰，比较容易表现明暗关系。构图起形阶段结束后，要按照塑造物体的空间关系、物体的亮面和暗面，用笔要轻松，注意把握大的明暗关系，然后按三大面、五调子的要求，先从铺出画面物体的明暗交界线入手，进一步拉开画面明暗层次（见图3-18），再进行深入刻画。

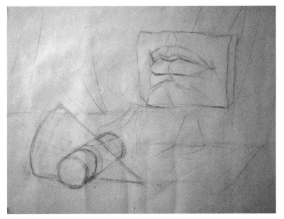

▲ 图3-17 步骤一：观察构图　　　　▲ 图3-18 步骤二：塑造基本形体

3. 深入刻画

进行深入刻画，要认真营造画面空间感、体积感和光线感，进一步完善形体的外形、结构、体感和质感，但是深入刻画不是死抠细节、进行局部刻画的简单集合。在深入塑造物体、进行细节表现的同时，尤其要时刻注意对比画面整体的素描关系，细节表现要照顾整体，不能局部刻画，深入刻画的过程中要时刻观察比较，反复揣摩分析，不断完善画面整体关系，把单个形体的描绘统一于整个空间气氛，从而使物体真实可信、画面协调有序、表达恰如其分（见图3-19）。

4. 调整统一

最后的步骤是调整统一，在深入刻画的基础上，可以将画面放到远处观察，注意同一形体色调要有微妙的深浅差别、各个色调层次要清晰有序、前后物体的空间关系要充分拉开、物体边缘处理要做到严谨而富有虚实变化等。例如，检查调整反光部分的色调使之准确；恰当处理物体亮部和暗部的边缘变化，加强前后虚实对比，拉开空间距离。通过对画面一系列的调整和完善，避免出现色调"花"、"乱"、"灰"等情况，画面的黑白灰关系更加明确，使画面的整体感更强（见图3-20）。

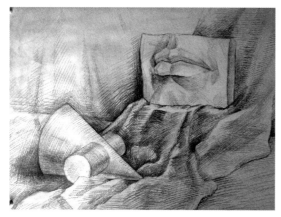 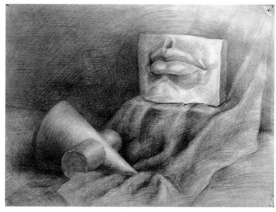

▲ 图3-19 步骤三：深入刻画　　　　　　▲ 图3-20 步骤四：调整统一（武树花 作品）

应用训练

　　1.单个石膏几何形体的结构素描写生及明暗素描写生，如立方体、圆柱体、圆锥体或球体等石膏几何形体。
　　2.单个石膏穿插体的结构素描写生及明暗素描写生，如圆锥与圆柱的穿插体、三角体与立方体的穿插体或两个立方体的穿插体的写生等。
　　3.组合石膏几何形体的结构素描写生及明暗素描写生。

▲ 图3-21 球体（孟庆刚 作品）

◀ 图3-22
石膏穿插体写生（窦彬　作品）

▲ 图3-23　石膏体写生（孟庆刚　作品）

◀ 图3-24
圆台写生（窦彬　作品）

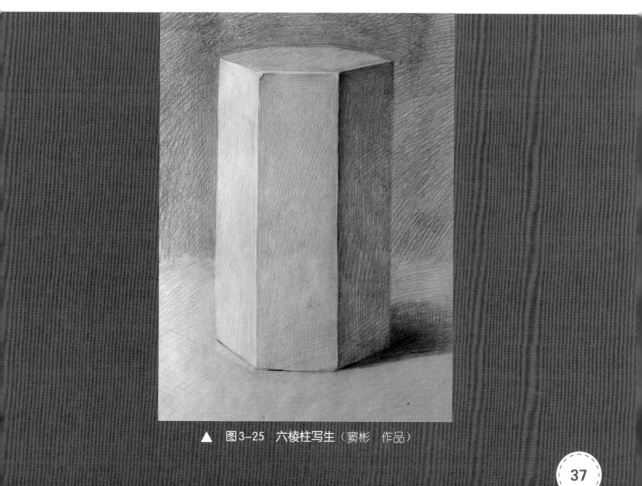

▲ 图3-25　六棱柱写生（窦彬　作品）

▲ 图3-26 组合石膏体写生（窦彬 作品）

第四章 人物速写

学习目标

　　了解速写的工具和材料以及人体的结构和基本比例，把握人体的运动规律，通过以写生为主、理论为辅的实践教学，有效地提高观察和分析能力，在熟练掌握人物写生的方法和技巧的基础上，达到正确运用线条组织和表现对象的目的。

第一节　速写的工具和材料

一　速写的概述

速写最早是随西方绘画传入中国时产生的，属于"素描"的范畴，是造型艺术的基本功。

"速写"英语为"sketch"，即用快速、概括的手段来描绘物象，表达画者对现实生活的真实感受，也有草图的意思。一般来说，"速"指速度；"写"指用笔要求，即下笔肯定、简洁明了，不能描。

长期以来，速写不仅是收集生活素材、积累形象的一种手段，而且是培养人们敏锐的观察能力和艺术概括能力的重要方法之一。由于速写工具简单而又方便携带，表达物象形态准确而又生动，因此深受画家和各行设计者的喜爱，被视为积累创作素材的有效手段（见图4-1）。古时便有"搜尽奇峰打腹稿"的方法，现今的美术工作者和设计师大多注重用速写的形式记录所看到的物象，作为素材进行创作和设计。服装设计相关人员更需要了解速写基本知识，掌握速写技法，增强速写能力。随时记录素材中的灵感作为最有价值的第一手资料以备创作时参考使用，是非常有必要的。

速写作为一种独立的艺术表现形式，有着其自身无可替代的价值，历代大师创造了无数优秀的作品，如列宾作品中生动质朴的劳动人民形象，拉乌尔·迪菲流畅优美的人体速写，马蒂斯优雅的线条式速写等。

优秀的速写必须建立在对物象的认识和理解之上，本书为了引起读者对速写的重视及讲述的方便性，将素描与速写分开来讲，以达到让读者真正理解和掌握的目的。

随着社会的发展和科技的进步，速写的工具材料也日益繁多，但基本上分为笔、纸还有速写本、画夹、画板等工具。每一种画具的特性不同，作画者应根据需要进行选择，深入挖掘其表现潜力，从而合理地表达自己的情感和主题思想。

◀ 图4-1　裸女之背（法国，拉乌尔·迪菲　作品）

1. 速写的工具材料

（1）笔　速写的用笔种类很多，前面讲过的素描用笔均可作为速写用笔，只是速写的用笔更多样灵活，在使用技法上也略有不同。

① 铅笔：铅质圆润光滑，便于掌握。现在一般都选择用铅芯软而粗的铅笔画速写，可绘出微妙而丰富的色调。铅笔芯不必随用随削，用时转动棱角可出现粗细和软硬不同的线条变化（见图4-2、图4-3）。

② 炭笔：炭精条和炭铅笔，色浓黑，适合表现黑白效果对比强烈的速写画面，与素描不同的是，其炭芯粗而黑，可利用其铅芯的正、侧锋，加以用力的不同产生多种粗细、浓淡的线条（见图4-4、图4-5）。与其他工具相比，其缺点是：炭粉的附着力差，画面易蹭脏或掉色，保存时需喷固定液或罩上一层透明纸。

③ 钢笔：可分为一般钢笔和美工笔两大类。钢笔画线条刚劲有力，富于弹性，一般线条的组织条理而有秩序感，可做细致而深入的刻画。美工笔笔尖多扁而粗，画出的线条可粗可细，线条变化丰富，可线面结合地去表现物象，给人以简洁明快的效果。有许多服装设计师喜爱用钢笔淡彩表现服装效果（见图4-6、图4-7）。

▲　图4-2　铅笔表现效果

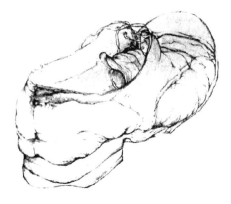

▲　图4-3　懒洋洋的鞋子（阿莫德·彼特尔曼　作品）

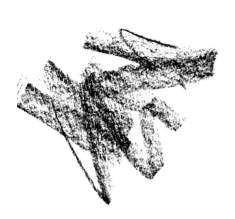

▲　图4-4　炭精条表现效果

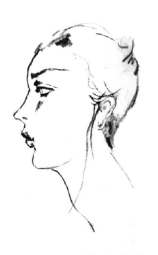

▲　图4-5　炭笔表现效果

▲ 图4-6　钢笔表现效果　　　　　　　　▲ 图4-7　钢笔表现的毛衣质感

④ 毛笔：其笔头松而柔软，用笔用墨或泼或写，自由奔放，具有较强的艺术气息，但因其用笔用墨技法较多而且较难掌握，携带也很不方便，故不多用（见图4-8、图4-9）。

⑤ 马可笔：一般分为油性和水性两种。它的笔头形状较多，颜色丰富，又有大小之分，书写时线条流畅，细笔精细圆润，粗笔豪放有力，一般多结合使用，画面简洁生动易出效果。因其方便携带，深得设计师的喜爱（见图4-10、图4-11）。

⑥ 其他：另外还有色粉笔、油画颜料、油画棒、国画颜料、丙烯颜料、蜡笔、彩色铅笔等。每一种工具各有其用途，设计者可根据物象的主要特征及创作目的选择合适的工具去表现画面（见图4-12 ~ 图4-15）。

（2）纸　速写中，画纸的选择非常重要，除常用的素描纸、图画纸外，还有白报纸、毛边纸、卡纸、复印纸等（见图4-16）。不同种类的纸质地不同，纸面呈现出不同的肌理效果，画者可根据需要选择合适的画纸，灵活运用笔与纸的不同接触会产生不同的绘画效果，而未必选择价格昂贵的绘画纸。

▲ 图4-8　毛笔表现效果　　　　　　　　▲ 图4-9　裸女与黑蕨（亨利·马蒂斯　作品）

▲　图4-10　马克笔表现效果　　　　　　▲　图4-11　马克笔表现的服装局部效果

图4-12　▶
彩色铅笔表现效果
（王静　作品）

图4-13　▶
国画颜料表现效果
（张艳荣　作品）

◀ 图4-14
墨色渲染效果
（崔春敬　作品）

图4-15 ▶

铜版画（焦伟　作品）

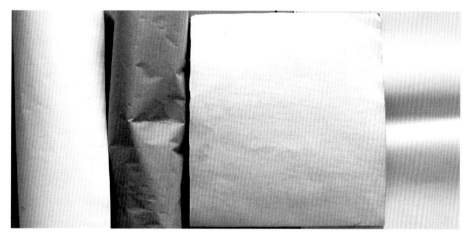

▲　图4-16　速写用纸

2. 其他速写工具

速写工具除以上介绍的纸笔外，还有文件夹、速写本、速写夹（见图4-17），以及定画液、喷嘴等。

速写夹与速写本一般在写生和收集资料时用，方便携带纸张及画完的稿子。另外，还有写生夹及简单夹板，特别适合初学者使用。

文件夹是你的参考档案，是服装设计人员最有用的工具之一，可将有价值的资料分门别类地收集在里面，以备用时查找。

定画液和喷嘴是用来固定画面效果的，喷的时候要注意喷嘴与画面的距离。太近了，容易喷得太多而让画面变黄；距离太远，喷出颗粒太大而不匀，也不好。使用中应注意掌握。

二　速写的分类

速写的分类是相对而言的，从不同形式出发，划分速写的形式也略有不同。

1. 按工具材料的不同

可以分为：铅笔速写、炭笔速写、钢笔速写、毛笔速写、马克笔速写等。

2. 按所用时间的长短

可以分为：慢写和快写。

3. 按题材的不同

可以分为：人物速写、动物速写、风景速写等（见图4-18 ～图4-20。）

图4-18 ▶

拾穗农妇

（凡高　作品）

▲　图4-19　立马

（法国，亨利·德·图卢兹-洛特雷克　作品）

▲　图4-20　村路

（弗拉曼克　作品）

4. 按基本技法的不同

可以分为：单线速写、明暗速写、线与明暗结合的速写。

（1）单线速写　又称"以线条为主的速写"。主要是利用不同的线条，如线条的长短、粗细、抑扬顿挫地表现出物体的轮廓体积，产生质感神态、虚实明暗、动势节奏的变化等，反映不同的情感，从而达到突出对象造型特征的目的；以"线条为主的速写"看似单薄，但也能表现出不同的形体特征和情感因素，表现不同的空间层次和不同质感（见图4-21）。

（2）明暗速写　主要是利用明暗调子的变化来表现物体的形体特征，画面视觉效果强烈。以明暗为主的速写，绘画时要从体面出发，强调黑白对比，减弱画面中复杂的调子层次。

（3）线与明暗相结合的速写　是速写中较多使用的方法，它以线条为主再以明暗调子丰富，或者以明暗调子为主加线条的画法（见图4-22）。这种画法，能使画面视觉效果强烈而生动，充分表达出物体的形状、体积和质感。

服装设计中多采用单线或单线与明暗结合的速写形式，快速搜集素材进行创作。描绘的对象多为人物速写和场景速写（见图4-23），所用工具比较灵活。

◀ 图4-21　自画像

（约翰·弗雷泽　作品）

图4-22 ▶

圣母哀痛耶稣之死草图

（米开朗基罗　作品）

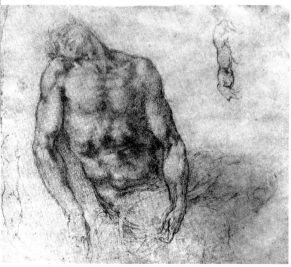

▲ 图4-23 美女与野兽（王宇晓 作品）

第二节 人体的结构和比例

　　画好人物速写是服装设计的关键，人物速写的内容很广泛，其中人体速写是着衣人物的基础，没有对人体结构和人体活动规律的正确认识，就不能利用确实、简洁而又洗练的线条来表现人体及服装，因此，研究人体的结构和比例，掌握基本的表现方法是十分必要的。

 人体的结构

　　研究人体结构首先要了解人体最基本的骨骼和肌肉的解剖结构，这对于理解和掌握人体造型结构及动态非常有益。

 1. 人体的外形划分

　　按人体的各部分结构特征可将人体外形划分为头部、躯干部、上肢和下肢四部分。头部由脑颅和面颅两部分组成；躯干部包括颈、胸、腹、背、腰五部分；上肢包括肩、上臂、前臂、肘、腕及手部；下肢包括臀部、大腿、膝、小腿和足部（见图4-24）。每一部分有着不同的功能，人体各部分的骨骼和肌肉组成了大的形体。

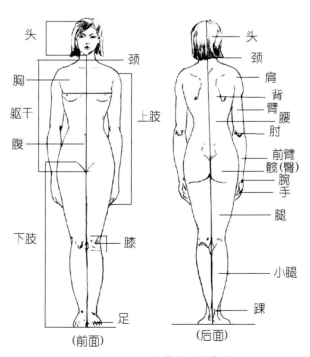

▲ 图4-24　人体的外形划分

2. 人体的骨骼

人体由206块骨骼组成。骨骼是人体结构的基础，通过关节紧密地结合在一起（见图4-25、图4-26），从根本上体现了人类的外形特征，并起着保护、支撑和运动的作用。

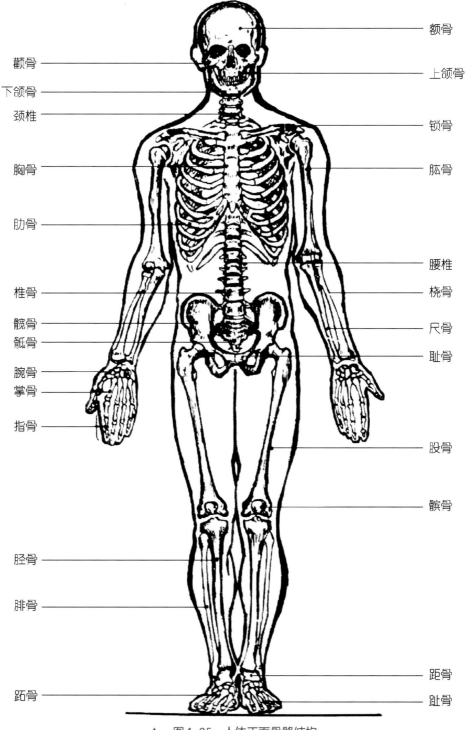

额骨
颧骨
下颌骨
颈椎
胸骨
肋骨
椎骨
髋骨
骶骨
腕骨
掌骨
指骨
胫骨
腓骨
跗骨

额骨
上颌骨
锁骨
肱骨
腰椎
桡骨
尺骨
耻骨
股骨
髌骨
距骨
趾骨

▲ 图4-25 人体正面骨骼结构

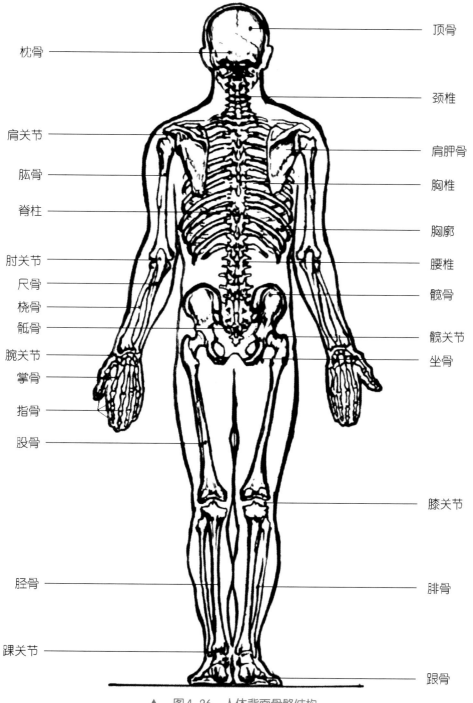

枕骨

顶骨

肩关节

颈椎

肱骨

肩胛骨

脊柱

胸椎

胸廓

肘关节

腰椎

尺骨

桡骨

髋骨

骶骨

腕关节

髋关节

掌骨

坐骨

指骨

股骨

膝关节

胫骨

腓骨

踝关节

跟骨

▲ 图4-26 人体背面骨骼结构

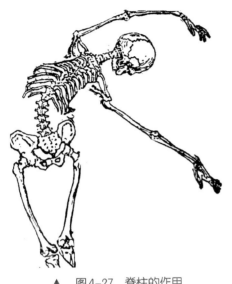

▲ 图4-27　脊柱的作用

其中，脊柱是人体中的中轴，串联着头、胸、骨盆。脊柱的可弯曲性保持了人体的运动与平衡（见图4-27），并减少了人体在运动中受到的震荡。

骨与骨连接的部位，称为骨连接，简称关节。它是人体运动的枢纽，人体运动时关节部位在造型上会有明显的变化，尤其是膝、踝、肘、腕等部位，其方硬的突起与肌肉的圆润形成明显对比，在速写及服装效果图中应引起重视，是着力表现的地方（见图4-28）。

各关节的活动范围、活动方向都不一样，如肩关节不仅可以上下、左右活动，而且还可以前后回旋，但膝关节则只能后屈而不能前屈。

正确理解和掌握人体的骨骼和关节的活动范围和活动方向，对于以后的服装设计与制作都很重要。

人体的形态造型是由骨骼、骨连接形成基本的结构，各种不同的肌肉组织形成了人体的外部形态，它可以随意收缩和伸展，促使骨骼产生杠杆运动，从而使人体形态发生不同变化。一般男性的肌肉较为发达，隆起显著，在外形变化上比女性明显，因而显得较为健壮。

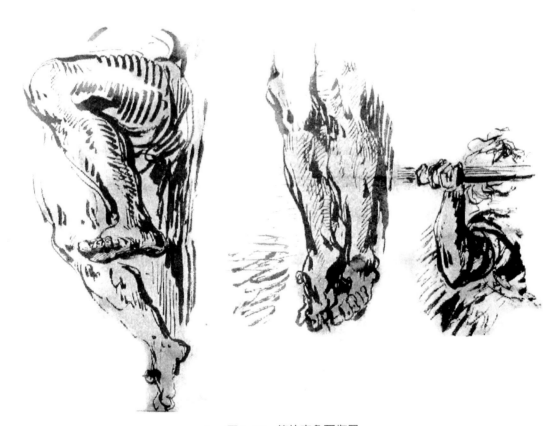

▲ 图4-28　德拉克鲁瓦作品

3. 人体的肌肉

全身肌肉组织概况见图4-29（人体正面骨骼肌）和图4-30（人体背面骨骼肌）。

人体的外观形态主要取决于人体的骨骼、肌肉和关节，在写生时应将那些外观的凹凸变化与人体的骨骼、肌肉联系起来，只有这样才能正确地通过外形特征去表现内在的结构，达到准确、生动表现人体动态的目的。

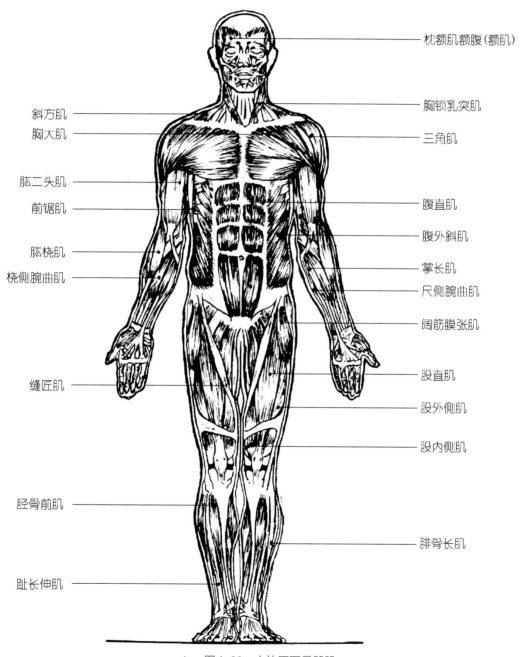

斜方肌
胸大肌
肱二头肌
前锯肌
肱桡肌
桡侧腕曲肌
缝匠肌
胫骨前肌
趾长伸肌

枕额肌额腹（额肌）
胸锁乳突肌
三角肌
腹直肌
腹外斜肌
掌长肌
尺侧腕曲肌
阔筋膜张肌
股直肌
股外侧肌
股内侧肌
腓骨长肌

▲　图4-29　人体正面骨骼肌

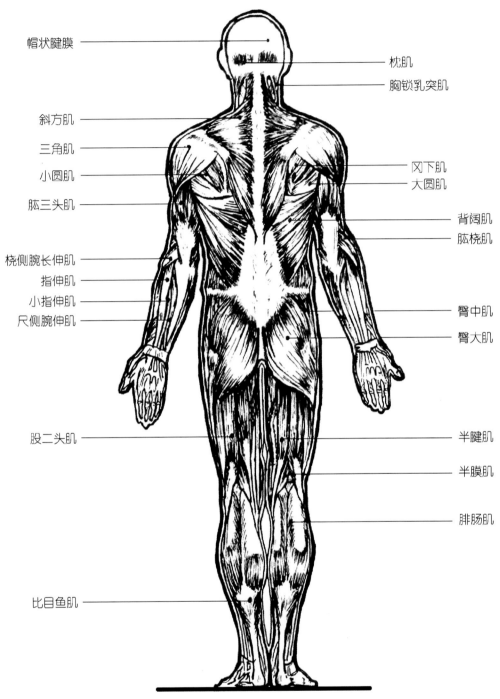

帽状腱膜

斜方肌

三角肌

小圆肌

肱三头肌

桡侧腕长伸肌

指伸肌

小指伸肌

尺侧腕伸肌

股二头肌

比目鱼肌

枕肌

胸锁乳突肌

冈下肌

大圆肌

背阔肌

肱桡肌

臀中肌

臀大肌

半腱肌

半膜肌

腓肠肌

▲ 图4-30 人体背面骨骼肌

4. 绘画中人的形体结构

为了简明扼要地说明人体结构的运动变化及透视知识，在正确理解骨骼肌肉的基础上，可以将人体概括为各种简单的几何形体，以便于初学者更直观准确地掌握人体动态。

在第三章中讲述了几何形体在人体的体面关系中的运用。人们把头部、胸廓和骨盆归纳为人体中三个最大的体块，简称"三体积"。

"三体积"中间由脊柱串联起来，是人体运动时起主要作用的部分，它们本身不会移动，完全靠颈和腰的运动使体块向左右倾斜和前后屈伸，还可以在水平面上旋转、扭动，产生人体的各种变化（见图4-31）。

从另一方面，人体结构还可以概括为简要的七条线，"一竖"即一条脊柱线；"二横"即肩胛骨横线与骨盆线；"四肢"即上肢与下肢各两条，共七条线（见图4-32）。脊柱线的扭曲和四肢的不同运动导致了肩线和骨盆线的倾斜。如一条腿弯曲和前伸会使骨盆向弯曲的一侧倾斜，肩线向相反的方向倾斜。

人的体块结构（见图4-31、图4-33）与人体结构线（见图4-32）是帮助初学者更好地理解分析人体动态的两种方法，二者是相辅相成的。初学者可在抓住几条线的基础上结合体块结构来刻画人体的动态，迅速而准确地捕捉形体，表现人体的节奏美。

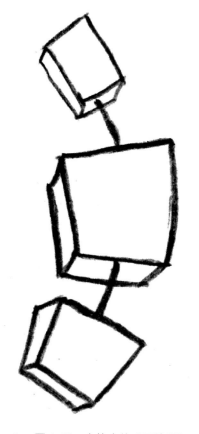

▲　图4-31　人体中的"三体积"　　　▲　图4-32　人体概括的七条线　　　▲　图4-33　人体体块结构

二 正常人体的比例

这里所讲的正常人体的比例，是相对于服装人体而言的。

通常，人体的比例指以头为单位与全身进行比较的结果，例如，中国古代画论中常说的"立七坐五盘三半"，便是以头为单位，把身高定为7个头长。随着社会的发展和人们生活水平的提高，人的平均身高已有了提高，现今多以7个半头为标准比例（见图4-34）。以头为单位，自下颌至乳头约为一头长；乳头至肚脐约为一头长；自股骨处的大转子至足底约为4个头长；人体二分之一处在耻骨联合线上；背部约为两个头长（男性略宽些，一般不足两个头长）；手臂（由肩至手的中指尖的长度）为3个头长。其中，上臂为三分之四头长，前臂约为1头长；手为三分之二头长，两手平伸成一直线时，两手中指尖的距离与全身的高度基本相等，其中心点在颈窝处。

女性因头小于男性，总体比男性矮小，与男性相比，女性胸廓较窄，乳房隆起而丰满，腰部较细，腹部浑圆宽大，臀部较大向后突出约三分之二头长，骨盆横宽，手足略小，大腿较粗，小腿略细些，成圆锥状。男性除颈部有喉结外，肩阔而且肌肉丰富，轮廓分明，腹肌起伏较明显，骨盆较窄，倾斜度不大，臀部不明显突出，臀部、腿部肌肉发达，手脚比女性略大些，从背部整个外形看，呈梯形，女性的胸背部与臀部长度基本相等，而男性的胸背部则明显长于臀部。男女躯干的正背面比较见图4-35和图4-36。

未成年人的人体比例与成年人的比例不同，年龄越小头部就显得越大，其全身的中心点就越往上移（见图4-37）。

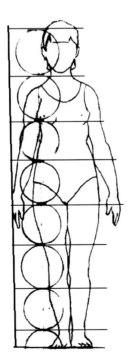
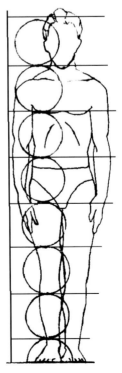

▲ 图4-34　人体的比例

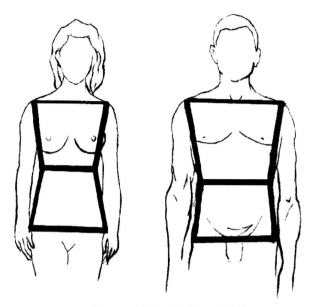

▲ 图4-35 男女躯干部正面比较

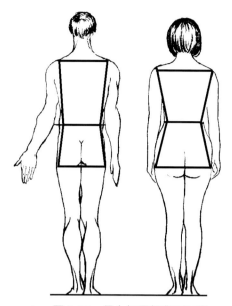

▲ 图4-36 男女躯干部背面比较

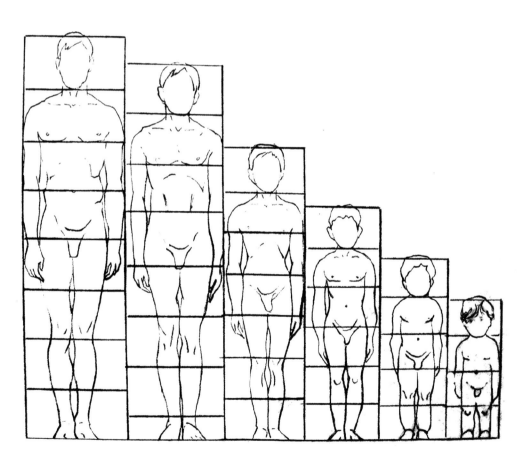

▲ 图4-37 不同年龄段的人体比例

三 服装人体的比例

　　服装人体的比例不同于一般真人或绘画的比例，如按正常人体7个半头的比例画服装画，视觉上会感到局促而缺乏美感，不能较好地展示服装效果。因此服装画中的人体比例一般采用8头或9头身长，这样既能作为生产的设计图使用，又可以展示服装效果图的艺术美感。一般情况下，增长的部分放在下肢，根据不同服装款式的展示效果，有的设计师把增加的部分放在大腿部分，有的则放在小腿部分，以进行适当的拉长和夸张，突出服装与人体的优美结合，更好地体现服装特点，加强视觉效果。

　　各国的时装设计师因风格的不同，其采用的人体比例也不一样，如法国伊夫·圣洛朗多采用10头身长；美国时装画家多以9头或10头的比例来表现服装效果，还有的作品甚至采用11头以上的比例。

第三节　人体的运动规律

　　人体美是一种客观存在，四肢及脊柱（颈椎及腰椎）的活动引起了身体的变化，出现了人体的不同动态。好的人体动态表现是舒展而又优美的，正确把握人体的运动规律是画好人物速写和服装画的关键。

一 重心线

　　人体的各种姿态是人体动态变化的结果，人体重心的变化是动态变化的主要原因。所谓重心线是重心垂直于地面的线（见图4-38）。一般情况下，人体的重量由下肢支撑，两脚之间会形成一定的支撑面，人体在站立时为保持身体平衡，一般重心线落在支撑面上，支撑面越大，人的重心越稳。如果重心线超出支撑面的范围，身体就会失去平衡。人物造型如不符合这一规律，人体便会有倾倒的感觉，因此常常依靠重心线来纠正错误。人体运动时，重心会随着人动作的变化而移动变化，如果动作有显著的变化，人的重心能超出体外，为保持身体平衡，人体的其他部位要做出适当的调整，如舞蹈、杂技中的许多动作。在写生创作和服装设计中一般不用这种太过于夸张的动作。

◀ 图4-38　人体的重心线

一个有益的练习是收集简单姿势的模特图片，分析模特的重心线并用笔标出，然后用另一种颜色的笔标出支撑腿的位置，时间长了，就能形成较好的观察能力，哪怕是在较难的姿势中，也能一眼看出重心线，从而进行较好地刻画。一旦建立了重心线的概念，将会少犯许多易犯的错误。

二 前中线

前中线是速写中的另一个观察方法，它与重心线的方法相辅相成，是观察和表现人体动态的另一种比较直观的方法。

观察自己，不难发现，由眉弓正中沿着鼻梁至颈窝一直到肚脐，这条线把人体分为对称的两部分。以脸部为例，鼻梁是脸部的"前中线"，当脸部转动，由于透视原因，镜中的脸一边大一边小，鼻子不再平分脸，但鼻梁是脸部的"前中线"这一点不会变；身体也是如此，当模特扭转身体，由于透视的原因，其身体会变得一边大一边小，但从颈窝到两乳房的中间到肚脐这条线仍然是身体的"前中线"（见图4-39、图4-40）。

▲ 图4-39
前中线示例 I

衣服穿着在身体上也有前中线，"V"形领衣服的前中线最明显，"V"字领的尖部恰好在正中，这是一条主前中线。当人体发生扭转时，其中心位置也跟着身体的前中线转动，远离视点的一边由于透视变小，而另一边变大，能看到衣服的侧面。衣服除这一条主前中线外，上衣袖子和裤子的裤腿还各有两条前中线，正面看时，袖子的中线在袖子的外边沿，裤腿的中线即叠裤子时的折痕，一般在膝盖的正前方，这样算起来衣服的前中线有五条，为了更为准确地刻画人体动态，可以把它分成两部分来画，着装人体的上衣有三条前中线，裤子上有两条，裙装则仅用一条前中线表示就够了。当人体处于正侧面时，前中线成了边缘线。

前中线非常重要，服装设计中的许多细节（如扣子、口袋等）都是以前中线为基准布置的，如果它稍有偏离，衣服上的所有细节都会出错。

在实际的绘画过程中，应养成时刻检查前中线的习惯，在画有扭转的形体时，前中线即使能一笔画出，也要在腰部断开，以确保腰椎不错位，保持整个身体动态的准确性。

像前面所作的重心线练习一样，可以选择书或杂志上的模特图片，依据前中线，用笔把人体与衣服的几个关键点标出，时间长了，眼光自然很准，再结合前面重心线的练习，就能快速而准确地刻画好人物动态，较好地表现服装效果了。一般情况下，如果人体动态的描绘看上去不舒服，大多都是前中线出了问题，需要调整它直至完全准确。

▲ 图4-40
前中线示例 II

三 运动和动势线

人体是富有节奏和线条变化的形体，人体的各种姿态是运动产生动态变化的结果。

动势线也称动态线，主要是由于动态而产生的视觉连线。即大的各个部位的运动方向，即各主要关节之间的连线。

动势线体现着动态关系，它们之间彼此连贯和协调。其中，最重要的是脊柱的（颈椎和腰椎）活动，它引起了身体的显著变化，因而形成了人体的主要动势线。在人正站立时，左右的动势线基本上是平行的，但是脊柱（颈椎和腰椎）稍有变化，人体的前中线便随之变化，腰线和臀围线呈现出一种对立的状态。

抽离出人体的动势线就意味着把复杂的形体简单化，把内在的东西通过寥寥数笔概括了出来（见图4-41）。

动势线看似简单，但画前如不好好观察和分析，就很难把握准确，初学者一定要养成整体观察的好习惯。

好的人体速写是舒展而又优美的，开始时，可以选择合适的图片，顺着自己认为的人体动势的方向，在上面画长而连贯的线条（这需要借助于前面人体结构中对于体及线的理解，如前中线、肩线、腰线、臀围线等），开始时可能不太准确，慢慢地画多了，一看到图片就能抽离出大的动势线，这时，就可以在纸上画姿势了。在纸上首先定出人物形体的大小和位置，继而画出动势线，在此基础上观察各部分之间的关系，直到最为准确为止。

▲ 图4-41 动势线

第四节　人物的头、手、脚的写生要点

人是造型艺术的主要对象，头、手、脚则是人物造型中比较重要的部位，初学者仅凭感受去画是远远不够的，应在学习中了解和掌握它们的结构和比例，以达到"以形写神"的目的。

一　头部骨骼和肌肉

头的基本造型取决于头骨的形状，头骨的形状不同决定了脸型的不同面貌，如日常中人们所说的"国"字形、"由"字形、"甲"字形等脸型都是根据脸的外形进行划分的。

头骨分为两部分：面颅和脑颅。面颅骨有成对的颧骨、鼻骨、上颌骨和单一的下颌骨、舌骨组成。脑颅骨主要由成对的颞骨、顶骨和单一的额骨、枕骨、蝶骨组成，骨头间相互联结成坚固的球形（见图4-42）。

头骨的形状决定了头部的形状，骨骼在外形上直接显于皮下的部分称骨点，连接这些显露在外的骨点（面部的转折点）就构成了头部的基本轮廓，这对于快速抓形很有帮助。

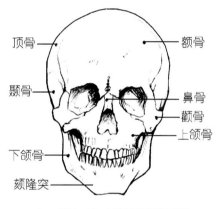

▲　图4-42　正面的头部骨骼

二　头部比例

观察头部不难发现，头部的各部位都保持着一定的比例关系，通常用得较多的是传统人物画法中的"三停五眼"，它是指成年人头部正面平视时的五官比例：即从发际到眉毛，眉毛到鼻根部，以及从鼻根部到下颏的长度基本相等，称之为"三停"；而脸的宽度约为五个眼长，称之为"五眼"。两眼间的距离为一眼宽，眼睛位置一般在头顶到下颏底的二分之一处（见图4-43）。

儿童与成人有很大不同，其眉毛在头部的二分之一处，眼睛在二分之一以下，两眼的距离等于二分之三眼长。

鼻梁是脸的前中线，起着非常重要的作用。它是画不同透视的脸的依据，熟悉这些对于掌握头部结构与透视有很大帮助（见图4-44）。

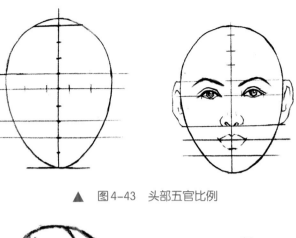

▲ 图4-43　头部五官比例

▲ 图4-44　脸部的前中线

三　五官的结构和特征

人的面部五官包括眼、眉、耳、鼻、口，五官在面部表情中占有重要地位。

1. 眼睛

俗称"心灵之窗"，是最能反映人们内心活动的细节部位，眼睛位于面部的二分之一处，由眼眶、眼睑和眼球等组成。眼球是像圆球一样的水晶体被眼睑包着，中间有瞳孔，瞳孔决定着视线的方向，眼睛是表现人物中需着意刻画、体现人物精神的重要细节部分。一般，人的上眼睑较厚，决定着眼睛的开合，加上睫毛的投影，在绘画中应引起重视，用笔大多较重而实；而下眼睑在平常光线下受光较多，刻画时用笔较轻且要虚一些（见图4-45）。

▲ 图4-45　眼睛

2. 眉毛

位于眼睛的上部，自眼眶内上方的眉弓起，中间在眼眶上缘边，眉梢偏向眼眶的外上方，呈弯曲状，中间交错处颜色最深。一般女性眉毛较细，男性眉毛较粗些。在速写中，眉毛一般不一根一根地描画，应整体表现（见图4-46）。

▲ 图4-46 眉毛

3. 鼻子

位于脸部的中央，是面部最突出的五官，由鼻梁、鼻翼和鼻孔组成。鼻子的上部较窄，两眼之间为鼻根，由鼻根至鼻尖为鼻梁，鼻尖两侧为鼻翼。鼻子长度为面部的三分之一，宽为两眼的距离。鼻子有不同的形状（见图4-47和图4-48）。

▲ 图4-47 鼻子的不同形状（一）

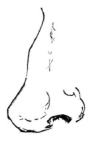

▲ 图4-48 鼻子的不同形状（二）

4. 嘴

依附于下颌齿槽上的半圆主体上，分为上唇和下唇，中间口缝处称为口裂。一般上唇较薄，上唇中央有个角形较突出，称为上唇结节，上唇的上方中间部分的凹沟为人中。在绘画中一般根据嘴部的结构把其分成三个大面。唇的表面皮肤很薄，颜色偏红，表面有唇纹（见图4-49）。

▲ 图4-49 嘴

5. 耳

在头部的两侧，由耳轮、对耳轮、耳垂三部分组成（见图4-50），其长度与鼻子长度基本相等，耳朵上部边缘与眉弓、耳垂边缘与鼻底分别在同一水平线上（见图4-51）。

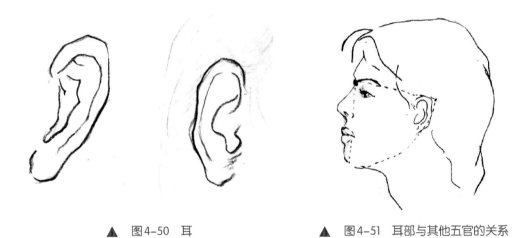

▲ 图4-50 耳　　　　　▲ 图4-51 耳部与其他五官的关系

（四）手的结构和比例

手由两部分组成，即掌和指。手的大小大约等于下巴到发际线的长度。手指可向内自由屈伸，也可分开或并拢，手指分开时呈放射状（见图4-52）。

手和头部、躯干不同，活动的范围较大、形态较多，因此初学者在画时往往感到比较困难。在实际的刻画中，可以把手看做三个独立的部分，即掌、四指及大拇指，掌呈六角形。画时应注意手掌的厚度，指的形状中间较两端细，关节处呈方形，指尖略呈三角形，指根线呈弧线，四指由于长短的不同，一般状态下也呈弧状。在服装画中，手能赋予时装人体不同的动作和情绪，一般情况下，先把手掌位置定出，再画出指根的弧线，加上手指，大拇指连着掌，最后把大拇指加上。时装画中的手见图4-53。

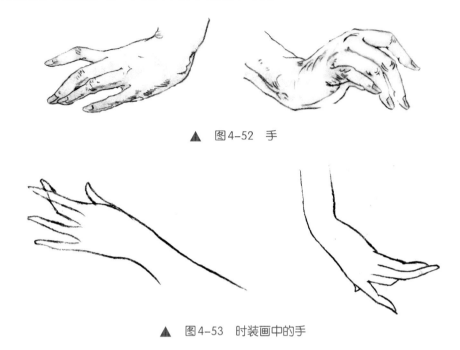

▲　图4-52　手

▲　图4-53　时装画中的手

五、脚的结构和比例

　　脚的基本形态是由脚的骨骼决定的，活动范围则受关节韧带活动范围的制约。脚由踝部、跟部、背部、趾部四部分组成。踝部体积较方，背部为弓形状，一般情况下，脚的内踝比外踝高。

　　不管画正面还是侧转的脚，都要注意脚部透视的变化，时装人体中，为符合整体效果，一般脚部画得细长，在开始阶段应多画一些光脚。画穿鞋的脚时，记着鞋底的内侧角度比外侧小。图4-54为光脚和穿鞋的脚，图4-55为几种女鞋例。

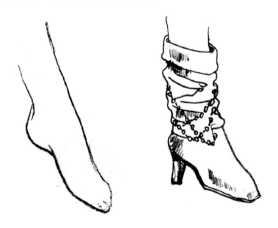

图4-54　脚　▶

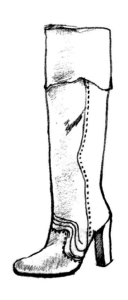

▲ 图4-55 女鞋例

第五节　人物着装表达要点

一　人物衣装与人体结构

衣服除本身款式线外，穿在人身上时会因为人体结构和人体动态产生衣纹变化，服装的每一形体变化都暗示人体的动态。有了关于人体造型结构的知识，就可以更为合理地体现服装与人体的关系，以便更好地体现服装的艺术效果。这就要求在画着衣人物时要借助前面的知识，自然地感受裹在衣服里人体的结构和形态，不要被一些偶然产生的衣纹表象所迷惑，而应抓住关键的衣纹变化，选择那些能更好地表现动作形态和服装款式的衣纹，以便准确地利用人体动态来表现服装款式。

二　人物衣装与线条组织

服装专业相关人员画着衣模特时与一般绘画专业人员略有不同。后者多侧重用艺术的线条突出人物的动态和体感，强调空间感受；而服装专业相关人员则多侧重运用线条的不同特性合理组织，以更好地表现服装款式及面料特点，突出平面性和装饰性，即它的重点是为了体现服装。为了这一目的，要求把某些因素服装化，忽略某些不重要的细节，这就需要有意识地对衣纹的形态加以选择和组织，衣纹之间的结构变化常常是相互穿插、呼应的，它们之间有来龙去脉、顺逆交叉和疏密关系，一般形体转折处或衣服装饰线较多时，衣纹较为密集，要用心组织。图4-56为不同袖子的衣纹组织。

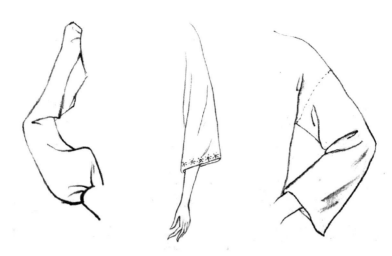

▲ 图4-56　不同袖子的衣纹组织

在人物速写中，衣服的描绘要注意整体概括，关键是抓住服装与人体的贴合点（如肩部、胸部、臀部、肘部、膝盖等部位）。这些部位多为关节和转折处，是形体的关键所在，画时应用着重、准确的笔触去刻画，而其他部位要画得轻松随意，形成线条上的对比。无论是多么宽大的服装款式，在描绘时都要考虑到它的内在体积的准确性，充分理解人体结构与衣纹的关系。图4-57是巴伦夏加的作品，作品中模特身着款式如此夸张的衣服，甚至令人觉察不到其胸部乳房的存在，但是肩部紧贴形体结构处刻画准确，线条简约到极点，手腕袖口处用密集的褶皱形象表现，构成了衣服的款式特征，作者抓住了这些关键点加以整理刻画，并结合大的衣纹进行概括处理，整副作品的线条疏密得当、松弛相间，合理表达了内在体积的准确性和服饰美感。

▲ 图4-57　巴伦夏加作品

（三）线条的艺术表现力

线条是绘画中最基本的造型手段，它是一种既古老又现代的艺术表现形式。东西方的画家都十分注重以线造型。现今越来越多的人对线条的审美含义和表现力有了更高的认识。线条具有表现客观物象、传达视觉感受、构成形式美感等功能，是所有绘画作品的泉源和灵魂。艺术家往往通过变动所运用的线条类型，使其产生个性化的表现。服装绘画作品中，洗练而简洁的线条运用、夸张而到位的结构刻画，以及概括而富于质感的衣料效果，常常给人留下深刻的印象。

由于速写工具的多样性，线条也各具特色，有软硬、深浅、粗细和锐钝的不同。艺术家的追求不同，线条的运用也不尽相同，有其灵活性和多样性，具有极强的艺术特色，因此，在今后的学习中要进一步体会和运用。初学者在运用线条时应注意以下几点。

① 用线是手段，表现对象才是目的。不能因追求用线的艺术性而忽略了形体结构。

② 线条要根据形体结构，合理地进行组织和取舍，不是原搬照抄，而是要求精练而生动地表现对象。

③ 用线要连贯。能用一笔画出的地方，不要用短线去拼凑，用线切忌断、碎。

④ 应根据表现对象灵活用笔。线要有节奏感，切忌像铁丝似的把形"框死"，应刚柔相济、虚实相间。关键结构处，用笔要中肯、有力度。

第六节　人物速写写生的要点和步骤

为了较完美而生动地描绘人物形象和形体，初学者须养成良好的作画习惯。

写生要点

1. 整体观察

"整体观察"就是从整个描绘对象出发，把握住物象的主要特征，把各个部分联系起来观察，反复进行比较，也就是说在完整、概括地观察对象，把握住描绘对象的整体与局部间的关系和比例，而不是看一眼画一笔地拼凑。通过整体观察，头脑里就有了鲜明生动的艺术形象，下笔就胸有成竹。

2. 讲究方法

速写要求在短时间内把握住形象特征，这并非易事，因此要讲究方法。分清主次、虚实，该强调的重点部分抓准对象的内外特征认真刻画，次要部分进行概括处理，始终把握住整体感。

写生步骤

初学者画速写易空洞，比较概念化，时常出现"衣内无人，鞋内无脚"的现象。但是如果能够正确地理解前面所讲的人体结构和人体运动的规律，再通过各种训练也是可以很好地掌握人物速写的。因此，初学者应按照一定的方法和步骤进行学习。

1. 构图

人物速写应根据不同的对象有所侧重，进行构思，寻找最能体现对象造型特征的最佳角度。构图时要灵活多变，进行大胆取舍，尽可能做到简洁、含蓄，突出立意。

用长线概括出对象在画面上的大体位置，构图大小要适宜，脸部朝向的一边空间应略大些，符合审美的视觉感受。

2. 比例和结构

以头长为单位，确定人体各部位的比例关系，再利用前面讲的"一竖"、"二横"、"三体积"及"四肢"确定人体各部位的具体位置，最后用重心线、前中线及动势线校正各部位的关系是否正确，要不断地修正直至完全准确为止。

3. 深入刻画

在各主要部位和关系定准以后，进行人物衣纹的刻画，要有意识地对衣纹的形态加以选择和组织，注意衣纹之间的相互穿插和呼应。一般情况，大关节活动的部分，如肩、膝、肘、腰部等处，线条要画得相对密集。另外，还应与服装质地结合，依据不同质感合理组织衣服衣纹。

4. 整理

艺术感受是画好速写的前提，在整理阶段，回顾"第一感受"在作画者头脑中的反映，这种感受是最富于美感的因素。不要拘于小节，力求突出鲜明的形象特征，深化主题。

图4-58为一人物速写步骤示例。

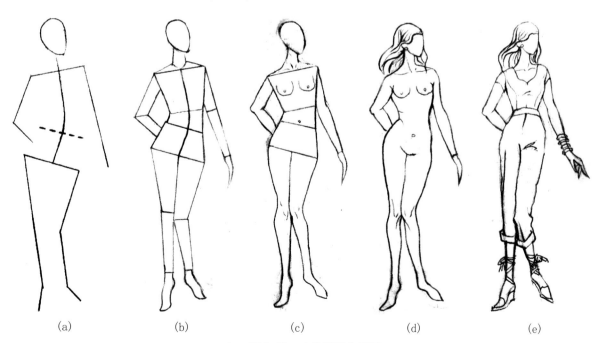

(a)　　　　　(b)　　　　　(c)　　　　　(d)　　　　　(e)

▲　图4-58　人物速写步骤图

三、默写

默写是速写高层次的体现，它可以艺术性地再现人物。在日常写生中，应牢记写生的要领，把握速写的规律性，再运用到默写中。默写是提高速写能力及创造力的有效手段，应多加练习。

应用训练

1. 利用本章所学知识，选用十幅人物图片，快速而准确地描画出身体的重心线、前中线。

2. 根据手头人物图片，用长而连贯的线条表现出大体人体动势。

3. 结合所学知识，临摹优秀人体结构速写作业五张。

4. 根据本章所讲速写步骤，对模特进行动态写生。

5. 默写速写作品十张。

▲ 图4-59　画家和他的模特（亨利·马蒂斯　作品）

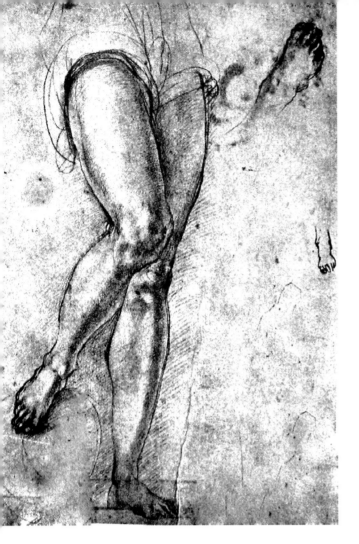

◀
图4-60　双腿草图
（意大利，雅各布·蓬托尔默　作品）

▼　图4-61　流动的表面（乔尔·萨斯　作品）

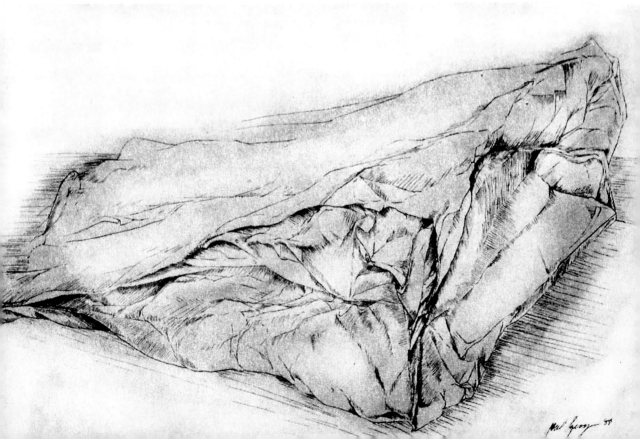

图4-62 儿童头像
（达·芬奇 作品）

图4-63 给小孩喂奶的母亲（意大利，利贝拉尔·达·韦罗纳 作品）

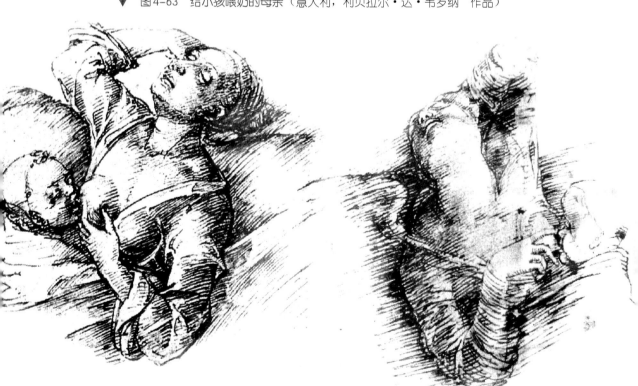

◀ 图4-64　线描人物
（刘婷婷　作品）

图 4-65 ▶
举起手臂的裸男背影
（保罗·塞尚　作品）

图4-67 ▶

海亚德夫人的肖像

（法国，安格尔 作品）

图4-68
女裸
（毕加索　作品）

第五章　素描静物写生

● 第一节　静物结构素描要素
● 第二节　静物明暗素描的写生步骤
● 第三节　素描静物的临摹

学习目标

　　通过对不同质感、不同颜色的静物写生，分析表现较为复杂的物体的形体特点及构成形式，掌握其基本知识，并能够运用结构、明暗等手段塑造形体，奠定较为坚实的造型基础，达到在以后的服装设计中灵活运用的目的。

第一节　静物结构素描要素

一　构图

南齐著名画家、绘画理论家谢赫在著作《画品》中讲到"六法"，其中提到的"经营位置"，指的就是画面构图。在进行静物素描练习时，首先要解决好构图问题，做好整个画面的主体框架，使画面的各个物体主体突出、高低错落、疏密有致、相互联系，形成有机整体。在构图方式和方法上，静物素描构图和石膏几何形体构图的做法基本相同，在这个基础上，还要充分考虑到画面不同质地和颜色的物体的重量感对构图的影响，有意识地对构图进行一下调整和设计，使构图更平衡、更合理。例如，金属、陶瓷、玻璃等质感的物体看上去要比棉布、水果、木器要重；深色物体比浅色物体看上去要重，坚硬规整的物体比松软蓬松的物体，在视觉感受上要重等（见图5-1）。

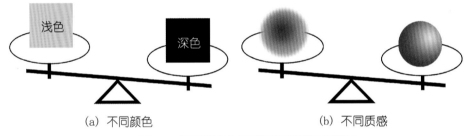

(a) 不同颜色　　　　　　　　　(b) 不同质感

▲ 图5-1　不同颜色与质感在视觉感受的差异

二　形体比例间的关系

图完成以后，将对物体进行进一步的细化和完善，要求做到每个形体的大小要合适、造型要准确。因此，要对不同形体的外形、位置、形体本身各部分及形体之间的比例关系进行认真分析与比较。在写生过程中，要不断完善和修正物体各部位之间的形体比例和结构变化，确保造型准确、比例恰当。

三　透视结构

作画的时候，既要照顾到单个物体的比例大小，还要将画面中所有物体及自身不同部位统一于一个整体的透视规律中。比如在一组静物中，有一个高高的瓶子和一个浅浅的盘子平放在桌面上，旁边放一个苹果，如果稍近一点观察，会发觉平放的盘子和苹果在透视上稍微有点俯视，而位置较高的瓶口则有点平视的感觉。同时几个物体的底部却与桌面的透视一致，瓶子、盘子和桌面同处于一个统一的透视中（见图5-2）。

四　线条组织

在写生中要进行细节刻画及烘托画面环境，这就需要在塑造物体和衬布时，从形体的结构和体积出发，做好线条的组织工作。在处理背景、远处物体、投影和暗部调子时，用笔要松动含蓄，线条组织均匀透气，削弱明暗对比，达到色调和谐统一；在处理亮部形体、明暗交界线、前面物体等环节时，要根据形体走向和结构穿插来组织线条，用笔要灵活严谨，细节刻画要充分到位，线条要富有秩序性和美感，使画出的色调牢牢"吃"在形体上，确保每一笔线条都在画形体，每一处对比处理都为画面需要所服务（见图5-3）。

▲　图5-2　画面应统一于整体的透视规律

▲　图5-3　结构素描

第二节　静物明暗素描的写生步骤

一　观察构图

进行静物明暗素描写生，首先要认真观察所画对象，对各个物体的组合形式、前后关系、外形特征、透视比例等有个大致的认识（见图5-4）。然后根据自己所处的角度，确定画面构图，按照前面我们学过的构图方法，将每个物体有机地安排到画面中，尽量要做到画面构图恰当、统一协调，物体之间相互呼应，疏密有致（见图5-5）。

二　塑造基本形体

构图工作结束以后，在完成每个物体基本形的基础上，进一步完善每个形体的透视，找出物体大的形体转折部位和明暗交界线，运用松动的笔触铺出暗部调子，区分出大的明暗面，拉开画面大的明暗关系。然后，仔细找出亮部和暗部各个细节的形体转折面，塑造出物体基本的形体结构，为下一步深入刻画做好铺垫。

▲ 图5-4 静物

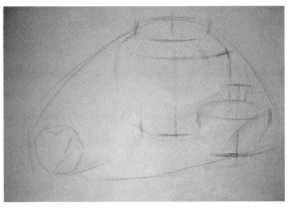

▲ 图5-5 构图

三 深入刻画

在进入深入刻画阶段，要继续完善和具体物体的造型及比例透视关系，牢记调子始终要为形体服务，而绝不能只管埋头画调子，不管形体造型结构，使形体和调子脱节。同时，在细致地表现形体细节的时候，还要努力保持好画面整体关系，切不可"一刀切"，要有意识地拉开色调的深浅虚实。例如，亮部清晰明快、对比强烈，暗部厚实含蓄、变化微妙；前面的物体色调层次丰富、对比强烈，后面的物体色调变化较少、对比较弱。另外，不同的物体质感不同，表现手法也要有所区别。例如，柔软的衬布要画得松动自然；玻璃制品、金属器皿、石膏体及瓷器等用笔要扎实细密，形体要表现得规整精致；水果、面包等食品除了造型准确之外，还要画出应有的色泽和质感等。图5-6为深入刻画示例。

四 调整完成

细节刻画基本完成后，可将画面移到远处，观察画面的整体关系是否协调一致，检查画面空间关系是否拉开、物体的塑造是否到位、虚实对比是否恰当、细节表现是否准确完善等。如果画面出现花、灰、乱、平等毛病，要认真分析原因，对照不足认真加以调整，拉开明暗关系，加强或削弱局部色调，使画面更趋完善和统一（见图5-7）。图5-8为静物素描的局部。

◀ 图5-6 深入刻画

图 5-7 ▶

调整完成（刘晓东　作品）

 图 5-8　静物素描局部

第三节　素描静物的临摹

一　静物素描临摹的目的

　　临摹是素描练习的重要手段之一，许多绘画大师都临摹过前人的素描，做过大量的基础研究和练习工作。对于初学者来讲，进行静物素描的临摹练习可以使绘画技巧尽快提高，更好地提升对形体塑造的理解和认识，从而有效地促进素描写生的能力。

二　素描静物临摹的方法与步骤

　　进行素描静物临摹（见图5-9），落笔前首先要仔细观察范画，认真分析画面的构图、气氛、整体感、形体结构、空间体积塑造、虚实、明暗等方面的表现方法，反复揣摩领会优秀素描作品的处理技巧。在临摹时，严格按照绘画步骤，按部就班地进行，先按照范画构图起形，然后再逐步深入塑造，切不可单刀直入、直接进行细节刻画而顾此失彼。同时，还要注意，临摹不是被动简单地抄袭范画，而是在自己理解和感受的基础上，运用范画的处理方法和技巧来再现画面内容，达到促进和提高绘画能力的目的。

▲ 图5-9 静物素描（一）（张晓敏 作品）

应用训练

1. 进行静物结构素描的临摹与写生。
2. 进行静物明暗素描的临摹与写生。

图 5-10
静物素描（二）
（李晨溪 作品）

图 5-11 ▶
静物素描（三）
（孟庆刚 作品）

▲ 图5-12 陶罐
（刘晓东 作品）

图5-13 ▶
青椒
（窦彬 作品）

▲ 图 5-14 头骨写生（孙强 作品）

▲ 图5-15 淡淡的光（刘晓东 作品）

▲ 图5-16 静物（贾格梅蒂 作品）

▲ 图 5-17　实物照片

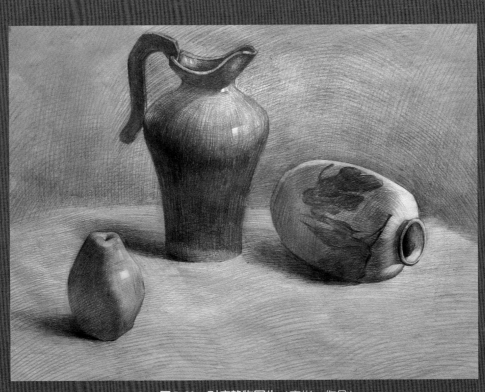

▲ 图 5-18　对应静物写生（窦彬　作品）

▲ 图5-19 苹果（窦彬 作品）

▲ 图5-20 静物写生（刘晓东 作品）

图5-21
白瓷瓶
（窦彬 作品）

▲ 图5-22 陶罐（窦彬 作品）

第六章　素描石膏头像写生

- 第一节　石膏头像写生要点
- 第二节　石膏头像写生步骤
- 第三节　问题作品图例分析

学习目标

　　通过素描石膏人物头像写生，理解石膏头像的形体特征、比例结构、空间透视、质感量感等写生表现要点。在掌握石膏人物头像写生步骤的基础上，进一步领会人物精神内涵，学习形与神的表现技巧，增强艺术审美感受和造型能力。

第一节　石膏头像写生要点

石膏头像色泽纯洁、质地单一，能将人物肖像的形象特点、形体结构、精神面貌和性格气质静静地展现出来，引导人们去理解、想象和表现人物的内心世界及社会生活。

画好石膏头像，必须理解和运用石膏头像的写生要点，并进行反复的训练，无论是石膏头像写生还是临摹，都必须掌握以下内容。

一　形体特征

"形"就是形象，"体"是体积或型体，概括起来，形体特征即物体的外形轮廓与体积特点。

石膏头像的形与体相辅相成，缺一不可。"形"是对"体"的再现，"体"是对"形"的充实，没有"形"的精确会失去石膏头像的个性特点，缺少"体"的塑造石膏头像会平淡无力。因此，在石膏头像写生中要观察敏锐，紧紧抓住对石膏头像的第一视觉印象，表现石膏人物形象特点，合理体现石膏人物头像的结构造型，使其形体自然统一。

二　比例结构

石膏头像中，比例是石膏头像内部结构的外在表现，结构是石膏头像外部比例的内在要求。正确地把握石膏人物头像的结构和比例是石膏头像写生的关键。学习应用比例结构，有助于把石膏头像画得准确合理。在写生训练中既要全面地学习了解人物头部的正常比例结构，还要分析、比较不同人物形体结构的特殊比例情况，然后画出相应的人物形体比例结构。

三　透视空间

透视空间是指画面重点、线、面的虚实强弱、大小高低的对比组合关系，一般指在二维画面中的表达，它再现了石膏人物头像真实的视觉立体空间关系。石膏头像在不同的角度会产生不同的形体透视变化，写生时，应用直线把头像概括为几何形体，找准头像中的对称点及关键处的点和面，正确理解这些点面的透视变化规律，全面塑造头部形体的空间体积感，使画面形体视觉感更科学。

四　质感量感

质是指物体的质地，也就是说物体由什么物质材料构成的；量指物体的重量。总体来说，质感量感是人们对物体质地和重量的视觉感受，它是增强画面艺术感染力的重要因素，能真实生动地再现物体的形体特点，是对物体基本形体结构特点的深化表现。因此，观察、分析石膏的物质构成特点，针对石膏材料性质，灵活运用绘画技法塑造人物形象，就能通过质感量感的表现增强画面视觉真实性。

五　性格神态

性格指人物的个性与风格；神态是指人物内心世界的外在精神体现。石膏头像写生时不仅要直观地表现人物面部表情，更重要的是结合自己对石膏像整体的心理感受和印象，了解写生人物的相关文化背景，以角色转化的方式模拟石膏人物表情神态，体会其性格特点，在写生中画出人物内心精神世界的外在感受，这样才能赋予石膏头像生命色彩，表达出石膏人物的性格与神态。

六　表现技巧

石膏头像写生中，表现技巧的好坏将会直接影响到画面的预想效果，在石膏头像写生中要仔细观察考虑人物的形体特点、性别年龄、性格神态等内容，然后选择最为适合的绘画形式和技法。表现技法的提高是一个强化训练、思想认识过程，为此，不仅要掌握常规绘画技巧，更关键的是学会把绘画思想感情融入到写生对象表现中，加强技巧的具体情感分析应用，培养个性的绘画技法，统一绘画风格，主动对技法进行创新，增强画面的表现力。

在整体统一的绘画原则下，石膏头像写生要点之间要前呼后应、联系紧密，全面地理解石膏头像写生表现要点，进一步为学习石膏头像写生步骤提供思想理论基础。

第二节　石膏头像写生步骤

学会石膏头像写生步骤是画好石膏头像的关键，在这一阶段中，始终要坚持整体－局部－整体的作画原则。石膏头像写生步骤一般可分为环环相扣的四个过程。

一　观察、构图

树立整体意识，认真观察石膏写生对象，把握第一视觉感受。先通过多个角度全面地观察定位写生对象，然后选择最能代表人物形象特征、性格神态、精神气质的角度快速构思画面构图形式。构图是对石膏写生对象观察、理解、认识、比较之后进行的思维整理与起稿构思过程。在此过程中，要学会运用创新思维进行多角度构图，避免构图单一和概念化。构图时不仅要把石膏头像完整地体现在画面中，而且应该体现出石膏头像最具个性的精神面貌，同时要考虑处理好形体与画面背景的关系以及光照的特点等多种构成因素之间的关系。

二、起稿、轮廓

① 画石膏头像，要从整体入手开始起稿，经过画面构思后，大胆运笔，迅速确定出石膏头像在画面中的大概比例位置，力求画面构图饱满、大小适中、上下左右视觉合理。运用长线、直线初步画出石膏头像的头、颈、胸和五官的位置比例关系，注意直线的透视变化，把握石膏头像的形体动势。

② 在画面中标出一个合适的参照点，根据参照点找出头像中对称、对应的结构点，作出画面的辅助线，利用辅助线逐步调整石膏头像的外轮廓。用直线将复杂的形体结构进行概括和整理，逐步确定好形体基本比例结构和外形轮廓，为下一步头像的深入刻画作准备。

图6-1和图6-2为石膏头像伏尔泰及起稿与轮廓示例。

▲ 图6-1 石膏头像：伏尔泰   ▲ 图6-2 起稿、轮廓

三、深入刻画

1. 大形准确厚重

在基本轮廓线基础上，通过对人物结构进一步分析、比较后，用直线把石膏头像概括为

简单的几何形体，找准其形体的基本透视比例，然后进行头像局部观察分析，画出五官大的形体结构。结构塑造时先注意整体块面关系，不要画过多细节，认真理解形体内部结构与外形轮廓的构成关系，画出形体明暗交界线，利用交界线的强弱节奏或简单的明暗色调对大的结构形体转折处进行强调，增加人物形体的厚重感。在此同时，还要处理好五官形体结构与外轮廓线的穿插转折变化和虚实关系，画出人物大的形体结构转折面和明暗交界线，确定出五官的基本形体结构（见图6-3）。

2. 局部细致入微

画局部主要是对五官的深入塑造，在基本透视形体基础上，画出五官细节，强调局部空间节奏对比，塑造充实形体结构，丰富画面色调层次。利用辅助线寻求局部对应点的相互联系和透视变化，将人物五官左右对称、对应的细节部分联系起来，保持上下左右相互照应，同步进行深入分析刻画，主次分明。准确把握局部形体的起伏变化和体面透视关系，用微妙的黑白灰色调塑造五官形体，强化局部的立体造型空间深度。随后，继续调节头、颈、胸、底座的整个形体结构组合关系，处理好中间色调层次，详细刻画形体的明暗交界线，画出形体明暗色调中隐含的形体结构内容，不要面面俱到，要有强弱、虚实变化（见图6-4）。再细致刻画人物五官、头发，使画面色调层次逐步丰富，此时，人物的特点基本明显。

▲　图6-3　深入刻画

▲　图6-4　调整完成

3. 形象具体生动

局部细节刻画中，要特别注意人物神态细节的刻画表现，结合自己对人物的感受和理解，在客观形象写生基础上加强主观表达意识，强化夸张人物性格特点。处理好形体轮廓与背景的空间关系，灵活运用绘画技法表现出石膏像的质感特点，塑造出石膏像的重量体积感，使画面人物形象生动完整。仔细刻画人物五官与神态，处理好人物与背景的虚实空间关系，画出明暗色调中的人物细节结构，内容充实，色调统一而丰富。

四、调整完成

调整是在写生基本完成时进行，通过加强或减弱的手段，突出主题表达内容,协调画面的整体关系（见图6-4）。

调整是对画面预期写生效果的检验，在这一步骤中要多观察、勤思考、少动笔，找出画面中影响整体统一的细节问题，认真分析修改，要重新从局部回到整体关系中，注意到人物五官特点是否突出、整个形体明暗色调处理是否欠统一，这些问题都需仔细修改处理。

在石膏头像写生中，始终要坚持从整体到局部，再从局部到整体的作画步骤，保证每一个作画步骤有相对的完整性。要主动学习美术理论知识，了解写生对象的有关知识点，从而能够更好地理解和感受人物性格特点，加强石膏写生的表现力。不能急于求成，要循序渐进地理解掌握写生要点和写生步骤，理论联系实际，结合大量的写生、临摹、练习和欣赏，逐步巩固提高。

第三节　问题作品图例分析

在石膏头像写生时，初学者容易出现以下画面问题。

1. 形体不准（见图6-5）

作者没有把写生对象的形体特征表现出来，人物性格不明确，产生这个问题的主要原因是作者缺乏对石膏人物整体的观察比较和形体的理解与夸张。在起稿时应多作辅助线，利用辅助线全面地进行形体对照比较，找出其对应的结构、比例及透视位置，合理起形，逐步精确。

2. 色调花乱（见图6-6）

由于作者忽略了色调的概括与统一，导致画面色调层次节奏不明确、主次强弱不分，从而使画面缺少条理性。色调花乱的调整需要对调子进行归类整理，统一协调，加强形体的明暗节奏对比和整体色调关系。

▲　图6-5　形体不准　　　　　　　　　　▲　图6-6　色调花乱

3. 画面发灰（见图6-7）

产生这个问题的主要原因是形体明暗对比弱，色调层次平均。画面发灰的调整，需加强形体明暗色调的节奏反差，加强对比效果，丰富色调层次，做到重点突出、详略得当。

4. 画面脏乱（见图6-8）

画面脏乱主要表现为作者对人物结构缺乏理解，画面色调不能和人物形体结构准确结合所致。避免画面脏乱需把握好人物的结构特点，精确色调位置，加强技法训练，提高画面整体色调的协调整理能力。

5. 造型呆板（见图6-9）

造型呆板主要表现为人物体积造型厚重、色调明暗比较统一，对人物形体结构的理解表现概念化的原因，使画面缺少强弱节奏感，人物造型呆板。写生时，需合理地理解和灵活地应用人物内部结构知识，结合具体人物形象特点进行人物形体塑造，注意不要为了画人物形体结构而忽略了人物的形象气质。

根据作画所用时间长短，石膏头像写生可分为长期作业、中期作业、短期作业。中短期作业适合初学者，有利于养成整体、快速作画的习惯，能较好地表达第一绘画感觉。随着对人物形体结构理解的加深，进一步结合中长期作业写生训练，有利于培养对石膏形体精确的塑造能力，提高石膏肖像写生水平。

▲ 图6-7 画面发灰

▲ 图6-8 画面脏乱

▲ 图6-9 造型呆板

应用训练

1. 参照石膏头像实物举例说明石膏头像写生要点之间有何联系?

2. 石膏头像写生作业两张,要求2开纸大小,写生时间不得少于8课时,保证作业质量。写出作画步骤和过程,提出写生中存在的问题,找出解决办法。

3. 石膏头像写生中应注意什么要点? 如何进行写生调整?

4. 根据石膏头像作画步骤临摹石膏头像作业两张,要求4开纸大小,保证作业质量。

5. 石膏头像写生中经常会出现哪些画面问题? 怎样解决这些问题?

◀ 图6-10

石膏像：维纳斯

▲ 图6-11 石膏像：大卫

第七章　设计素描

学习目标

　　通过布置、引导、创作等教学环节的实施，能够运用想象、夸张等表现手法，完成设计主题素描练习，充分体现造型与设计的关系，突出平面性和装饰性，培养初步的设计思维和实践应用能力。

第一节　概念与特征

一　概念

　　"设计素描"这个概念在国内美术教育中，是近几年才提出的，它改变了对作为研究造型规律的"素描"这门学科的传统认识，也改变了很多传统的学习方式方法，甚至是审美观念。"设计素描"作为设计专业的基础课程应该从两个方面来理解：广义来讲，指一切从"设计"这个大概念为出发点的有关研究造型规律的素描练习和创作，也就是"为设计的素描"。狭义来讲，设计素描应该跨越传统的素描概念，突出"设计"的造型表现和创意表达，不但注重造型能力的训练，更注重创造性思维的培养，其核心就是要"创新、求异"，一切为设计服务。简单的理解就是，不模仿别人，同一个课题一百个人去做，应该有一百个答案，而没有唯一标准。

　　"设计素描"从广义来讲，它涉及的范围非常广，包括了以各专业设计为教学目的而进行的各种素描写生和素描创作（见图7-1 ~图7-3）。

　　以上几幅习作都是基础造型训练，在方式方法上有一定的专业针对性。

　　本章节主要从狭义的角度对"设计素描"作初步探讨。

▲　图7-1
工业造型专业学生作的静物结构素描

▲　图7-2
服装专业学生作的石膏人体结构素描

图7-3　▶

环艺专业学生作的风景速写

二　设计素描的特征

1. 有创新意识和创造性

创新意识和创造性是"设计素描"的核心。培养创新意识，首先，要解决思维方式的问题。在目前的美术考试制度下，考生为了应考，长期进行固定模式的训练，思维很容易被定式化（很多考生说，学习素描就是在临摹、记忆一些现成的作品），大大地限制了学生的创造力及创造性思维的培养。一个宽松的展示自我的环境是非常必要的（在艺术上，没有绝对的错误，只有个性），不能用唯一的标准去衡量学生，创造一个崇尚个性的氛围，充分让学生发掘自身个性及潜能。其次，开阔学生眼界，引导学生广泛涉猎各类艺术，经常学习讨论现当代的艺术作品和文化现象，丰富知识面，提高艺术修养。最后，要大胆尝试，勇于实践。丰富的想象力不是空想得来的，要经常保持对周围事物的感受力，动手把自己的想法、创意用视觉的方式努力表达出来，在实现的具体过程中往往又会激发更多的激情和灵感。

2. 具有专业特点

"设计素描"是设计师表达思维创意的造型视觉语言，是为设计服务的，在训练过程中要具有不同专业要求的各自的侧重点和针对性。"设计素描"的训练与专业设计较好地结合，使专业基础课程自然地向专业设计课程过渡，如"平面设计素描"、"环境艺术设计素描"、"服装设计素描"、"建筑设计素描"等。

3. 具有审美性

人们向往美好的生活，现代生活中又处处充满了"设计"。创造既实用又具美感的"产品"，是设计师的任务。创造和感悟形体、形式的美感，是设计师所必须具备的修养和素质。

对于"设计素描"来讲,一是针对造型的审美,二是针对作为"素描"的诸基本元素形式的审美,另外创作者体现在作品中的内在个体精神同样具有某种审美价值。

第二节 如何学习设计素描

一 感受生活

艺术来源于生活,要获得丰富的艺术思想和表现手法,就要向大自然学习、向社会生活学习,自然和社会是艺术家取之不尽、用之不竭的灵感源泉。

感受生活要有一颗真诚、单纯的心灵;感受生活要有敏锐的观察力;感受生活要有丰富的自然和社会知识。生活中处处充满了艺术,这些综合素质的培养,需要在日常生活中积累、历练。

凡高是一位令人怀念和感动的天才画家,他所创造的伟大的美永远丰富着我们的世界,图7-4、图7-5为凡高作品。这位极端孤独又无比热情的画家,一生创作了大约八百五十件油画作品和大约相同数目的素描作品,每幅作品都显示出他的热情洋溢和他的专注认真。可以说,没有他对生活的敏感,没有他对自然的热爱,就不会有他画中那金子般的黄色,也不会有"向日葵"。

IDEO设计公司在美国设计界是名列前茅的,"以人为本,洞悉人性"是公司设计的主要原则之一,使他们获得了巨大的成功。图7-6 ~ 图7-8是该公司的作品。

▲ 图7-4 凡高《向日葵》系列　　　　▲ 图7-5 凡高《有乌鸦的麦田》

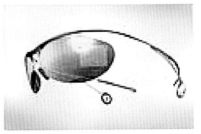

▲ 图7-6 电子产品设计　　▲ 图7-7 日用品设计(一)　　▲ 图7-8 日用品设计(二)

二、学习传统

设计虽然进入数字时代，但不能把传统文化艺术丢掉，传统文化艺术是今天艺术与设计的根基，失去了文化的作品只会是技术的堆积，毫无意义。

中国有几千年优秀的文化艺术，是很值得深入地学习和研究的，不能只是盲目地模仿别人。学习传统要从根本上出发，不能只照抄表象，要真正理解其本质的精神。

中国传统绘画中的线描对理解设计素描中线的作用十分有帮助（见图7-9）。

当代中国很多成功的设计都具有很强的传统民族色彩，被世界所认可。如图7-10所示2008年北京奥运会吉祥物的设计。

▲　图7-9　中国传统线描：《八十七神仙卷》

▲　图7-10　2008年北京奥运会吉祥物

三、认识大师

大师们的艺术作品都有独特、鲜明的个性和特点。要学习大师的表现技法，更要学习大师的创新精神，还要了解他们的社会背景和成长过程，这对当前的专业学习是十分有益的。在通过向大师学习的过程中能更快地认识到事物的本质，掌握正确的学习方法，少走弯路。

西班牙超现实主义画家达利是一位具有卓越天才和想象力的画家，在他梦幻般的画面里充满了无穷的想象力和创造力。图7-11、图7-12为达利作品。

艾贡·席勒笔下的人体，动态结构夸张但不失严谨，用线像锉刀锉出一样生涩，却具有那么神奇的表现力（见图7-13）。

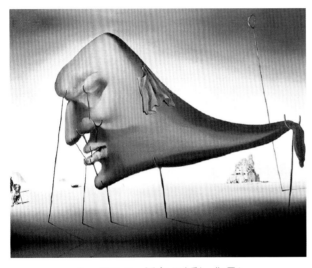

▲ 图7-11 睡意（达利 作品）

▲ 图7-12 达利雕塑作品

▲ 图7-13 艾贡·席勒作品

第三节　重新认识造型基本元素——点、线、面

在传统的素描中，一般不把点、线、面独立出来分析，在构成设计里点、线、面被分解为基本的视觉元素来理解。而作为设计素描，加深对这些基本元素的理解是很有必要的。

点是造型的基本元素中最细小的形象，所谓细小是相对而言的。点具有形态和大小的要素，单个的点给人集中、凝聚的感觉，组合以后会形成千变万化的效果。

图7-14和图7-15是学生作的关于点的练习，这两张作业放弃了传统素描使用的工具，让画面具有了新意。

▲　图7-14　点的练习（一）

▲　图7-15　点的练习（二）

点在移动过程中的轨迹就形成线，线具有长短、粗细、方向、曲直、肌理等变化要素。用线是塑造形体的重要手段，线也可独立作为形式表现的元素，线是在造型中最具有表现力的元素。

图7-16和图7-17是两张表现线的作业，基本上从某一个方面把握住了线的特性。

三　面

面是线的移动形成的，具有面积、形态等要素，大致可分为：几何形、不规则形两大类。图7-18是学生作的面的练习。

▲ 图7-16 线的练习（一）

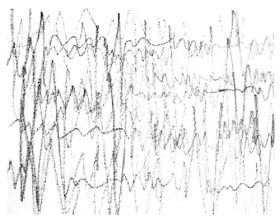

▲ 图7-17 线的练习（二）

◀ 图7-18 面的练习

第四节 基本元素的表现训练

一 视觉表现训练

作为视觉艺术的绘画，往往要借助具体的形象来表现客观事物的特点，这里的视觉表现训练是不借助具象的描绘，而试着用基本元素以抽象的形式来直接表现客观对象的感受，要尽量体现其多数人能达成共识的特点。

不需要实际的喜、怒、哀、乐的面孔，而是要求用抽象的基本元素来表现人们在生活中体味过的心情和情绪。

图7-19和图7-20是学生以"烦躁"为主题作的表情练习，画面具有一定的表现力和形式感，在主题表达上也让人可以感受到比较明确的指向性。

肌理表现训练

肌理表现一方面体现在对材质描绘的技巧上；另一方面是用绘画的语言表达触觉的感受，这种触觉感不一定是对某种材质的具体描绘。

对于服装专业的学生来讲，表现肌理和触觉感的训练是十分必要的，这对于服装面料的质感元素的理解会很有帮助。

图7-21 ～图7-26是学生利用数字图像处理技术和拓印的方法完成的表现肌理和触觉感的训练。

▲ 图7-19 表情训练：烦躁（一）

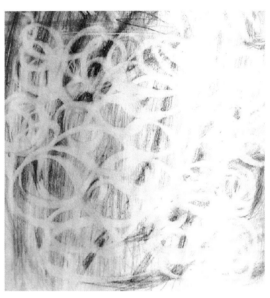

▲ 图7-20 表情训练：烦躁（二）

▲ 图7-21 纺织品的肌理

▲ 图7-22 木质的肌理

▲ 图7-23 书钉组合拓印

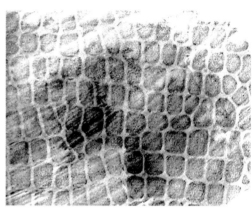

▲ 图7-24 皮革纹理拓印

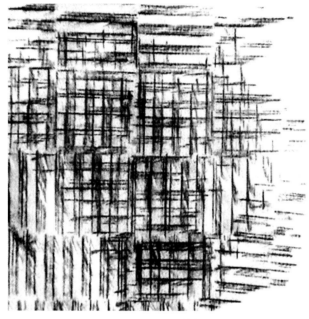

▲ 图7-25 竹编拓印

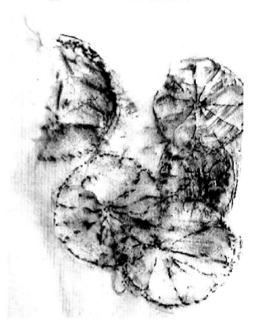

▲ 图7-26 干果拓印

第五节 基本表现手法

一 概括纯化

"概括纯化"也就是对自然形象进行高度提炼和概括，将构成其形态的诸多元素纯化为能体现其本质精神的最经济、最有效的形式。这也是现代设计在造型上一直提倡的原则。

从毕加索公牛变形系列作品，可以看到艺术家对形体进行概括的过程，最后只提炼出最能体现公牛特征的线条和形状，图7-27是毕加索公牛变形系列作品中的几幅。

　　马蒂斯的素描以简练的造型、优美的线条、和谐的构图以及强烈的装饰性，形成了他独特的画风（见图7–28）。

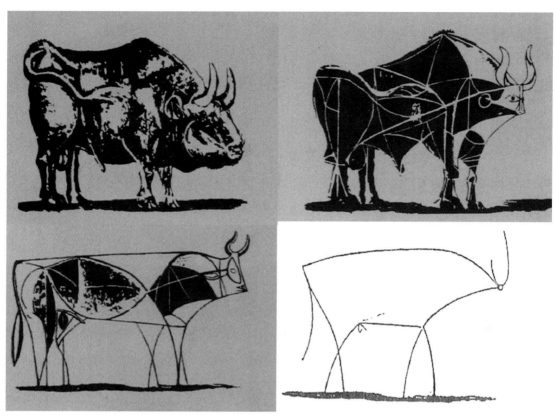

▲ 图7–27 公牛变形系列（毕加索 作品）

▲ 图7–28 马蒂斯作品

▲ 图7-29 学生作品（一）

▲ 图7-30 学生作品（二）

图7-29、图7-30是两张学生所作的肖像素描。学生根据要求，简化造型元素，概括地表现出对象的典型特征。

二、夸张变形

夸张变形是强化对象形象特征的部分，使其特点更加突出。与具象表现相比，有明确的指向性，更容易被认知识别，是具有形式美感的典型形象。

中国民间剪纸艺术由于所用的工具（剪刀及刻刀）和材料（纸）决定了它具有自己特殊的艺术风格，虽然造型元素极其简单，但是在形象上大胆运用夸张变形的处理，非常生动、朴实，具有很强的艺术表现力和感染力（见图7-31）。

西班牙时装插图画家Arturo Elena的作品，在人体比例上极度夸张，从而获得了与众不同的画面效果，让人难以忘记（见图7-32）。

三、解构重组

解构是把原有的已形成的稳定结构消解掉，"不破不立"，解构正是应了这个"破"字，英文即deconstruction。重组就是"立"，即用某种手法进行全新的组合。拆散、颠覆原有的秩序，重新组合建立一种新秩序，是解构重组的精神核心。

结构、空间乃至观念、精神都可以是被"解构"的对象，图7-33是比利时时装设计师Martin Margiela的作品，对服装及其元素解构重组是他的设计特点。毕加索的人物素描分解了面部结构及五官又重新组合，以表达所要传递的信息（见图7-34）。毕加索可谓把解构重组推到了极致。图7-35、图7-36是学生根据静物所作的解构重组的作业。

▲　图7-31　中国民间剪纸

▲　图7-32　Arturo Elena的时装插图作品

▲ 图7-33　Martin Margiela的时装设计作品

▲ 图7-34　毕加索作品

▲ 图7-35　几何体的解构重组练习

▲　图7-36　观念的解构重组练习

四　联想想象

联想是人们在观察的基础上，由当前的某一事物想到另外的有关事物的思维活动。想象是人脑在已有事物基础上进行加工改造形成新的形象的思维活动。

达尔文说过：想象是人类最高的禀赋之一，人类因此得以把积累下来的形象和思想综合起来，并在不知不觉中产生出奇妙的成果。

丰富而又深层次的想象力也是设计师必须具备的素质。图7-37是超现实主义画家达利的作品，表现出的丰富想象力，让人叹服。

▶ 图7-37　达利作品

应用训练

1. 服装面料的肌理表现。

提示：尽量多尝试不同的表现手段和工具，以丰富对服装面料的视觉感受。

2. 运用解构重组的创作手法设计女性时尚夏装。

提示：加强服装概念的横向和纵向的对比与联系，如东方与西方、传统与现代、男性与女性、休闲与礼仪、内衣与外衣、冬季与夏季等。

3. 让学生揉皱一团纸或布，以从中得到的感触作联想素描训练。

提示：从日常生活中得到创作的启示，如联想到：枯萎的玫瑰、沙皮狗的面部、山石的肌理等。

4. 花与裙装的联想练习。

提示：大自然是创作灵感的无限源泉。

第八章　色彩绘画的工具材料和特性

- 第一节　水粉画的工具、材料和特性
- 第二节　水彩画的工具、材料和特性
- 第三节　其他色彩绘画的工具、材料和特性

学习目标

　　色彩的工具、材料各有不同，通过本章学习了解并掌握色彩的不同材料及特性，并学会根据描绘的不同对象选择不同的表现形式。

第一节　水粉画的工具、材料和特性

一 水粉画的工具和材料

1. 笔

水粉画的笔称为水粉笔，传统的水粉笔多用羊毫制成，笔质细腻、柔软，吸水性强，扁头。而现在市场上也有许多水粉笔是用狼毫或尼龙毛制成，这种笔有一定韧性。还有些人喜欢用油画笔画水粉画。总之，不同毛质的笔性能不同，画出的笔触及画面效果自然也不同。图8-1为各种水粉画笔。

▲　图8-1　笔

2. 纸

水粉画的纸有专用的水粉纸，也可以选用素描纸、水彩纸、卡纸作水粉画。当然，纸质的不同，画画时的感受亦是不同的。

3. 颜料

水粉画的颜料称为水粉颜料，也被称为宣传色、广告色。有锡管装、盒装和瓶装，锡管装的量相对少些，但易于携带，适合外出写生使用（见图8-2）。

4. 调色盒

调色盒的盒体用来盛放挤出待用的颜料，注意宜选择格子较深的，挤颜料时，可以多挤一些备用。盒盖可以用来调颜色，也可选择专用的调色板进行调色。调色盒不用时，应在盒体和盒盖中间夹放浸湿的海绵或棉布，进行保湿，防止颜料变干。

除此之外，水粉画还需要的绘画工具有：画板、小水桶、画架、工具箱（放置画笔、颜料及调色盒等相关物品）、图钉或夹子等（见图8-3）。

二　水粉画的特性

　　水粉画颜料覆盖力较强，不透明，是用水进行调配的。完稿后的水粉画，易于携带。由于绘画过程中，颜料用水调配，因此，画面干得较快，而且干后的颜色不如画时湿润的颜色鲜艳、纯度高，画面容易变浅，但不会严重影响画面效果。水粉画不像油画和水彩画那样能够数十年、数百年地长期保存，时间过久的水粉画，画面会发生干裂。但由于水粉画的简单易学、技法多样、操作方便，常常是初学者学习色彩所采用的一种绘画形式。图8-4为水粉画示例。

▲　图8-2　颜料

▲　图8-3　其他画具

▲　图8-4　水粉画：静物（张晓敏　作品）

第二节 水彩画的工具、材料和特性

一 水彩画的工具和材料

1.笔

水彩画的笔称为水彩笔，多为羊毫，毛质细腻、柔软，吸水性强，圆头。

2.纸

一般都采用专用的水彩纸。

3.颜料

水彩画的颜料一般分为盘装和锡管装两种。盘装因为量较少，因此适合小幅作品进行绘画。

二 水彩画的特性

水彩画颜料透明性强。其特性可以用八个字来概括，即透明轻盈，水色淋漓。和水粉画一样，颜料都是利用水来进行调和的。水彩画颜料用量少，干得快，方便，易携带，好清洗，其色彩保存时间久。因此，是美术爱好者及设计人员进行色彩练习和创作的一种常用的绘画形式（见图8-5）。

◀ 图8-5 水彩画：静物（窦彬 作品）

第三节　其他色彩绘画的工具、材料和特性

 油画

 1. 笔

用于油画的笔是油画笔。油画笔大多由猪鬃制成，毛质粗、硬，有弹性，扁头（见图 8-6）。

 2. 油画布

油画一般画在画布上。画布首选亚麻布，也可以是重的、密的优质棉布或帆布。当然，油画也可以画在木板、墙壁或纸上。但是无论使用何种材料都应当是不吸油的，可以在这些材料上做底子，然后再进行绘画。

 3. 颜料及特性

油画使用油画颜料（见图8-7），它是运用调色油或松节油进行调配的。绘画方法多种多样，有薄画法、厚画法等。油画颜料性能稳定，在湿的时候和干的时候颜色是一样的。如果运用合理的绘画方法，油画保存也具有持久性。因此，许多职业画家常常喜欢运用油画这种绘画形式来进行写生或创作。图8-8为凡高的一幅油画作品。

 4. 其他工具

除此之外，油画还需要调色板、调色油或松节油、刮刀、画框、油画箱等。

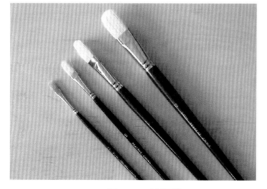

▲　图8-6　油画笔

▲　图8-7　油画颜料

▲ 图8-8 油画（凡高 作品）

二、国画

1. 笔

国画用的笔是毛笔。毛笔主要分为狼毫笔、兼毫笔和羊毫笔。狼毫笔毛质硬，有弹性，吸水性差。羊毫笔毛质软，吸水性强。

2. 纸

国画用的是宣纸。宣纸主要分为熟宣和生宣。熟宣适合画工笔画，生宣适合画写意画。

3. 颜料

国画使用国画颜料（见图8-9）。国画颜料具有矿物质成分，用水进行调和。

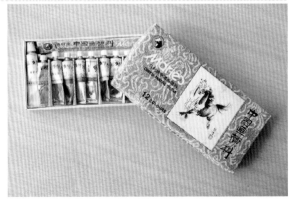

▲ 图8-9 国画颜料

4. 其他工具

除此之外，国画还需要墨、毛毡、笔洗、调色盘等。

图8-10为齐白石的国画作品《寿旦》。

三、丙烯画

丙烯颜料是一种新型的化学合成颜料。它和水粉颜料一样可以运用水来调配，因此干得较快。丙烯颜料不透明并且具有很强的覆盖能力，它可以在各种底子上作画，如纸、布、木板、墙壁、瓷器等。丙烯画的笔多种多样，可以用油画笔、水粉笔、水彩笔、毛笔。但是，值得注意的是，丙烯颜料特别是成块干后无法再用水稀释开，因此它不易涂改。图8-11为铁心的丙烯画作品《夜宴》。

四、彩铅画

彩铅画是用彩色铅笔（见图8-12）画在纸上的一种绘画形式。彩色铅笔分为普通彩色铅笔和水溶性彩色铅笔。水溶性彩铅既可以像普通彩色铅笔一样使用，还可以用毛笔蘸水对画面进行晕染，形成水色淋漓、相互交融的水彩画效果。彩铅画简单易学，使用方便。图8-13为彩铅画作品。

▲　图8-10　国画（齐白石　作品）

▲　图8-11　丙烯画：夜宴（铁心　作品）

▲ 图8-12　彩色铅笔

▲ 图8-13　彩铅：爸爸　妈妈　孩子

（窦彬　作品）

五　色粉笔画

　　色粉笔画是运用色粉笔进行作画，一般选用带有肌理的色纸。色粉笔画适合快速地描绘和记录色彩的变化和感受，但画不宜长期保存。图8-14为德加所作的一幅色粉笔画。

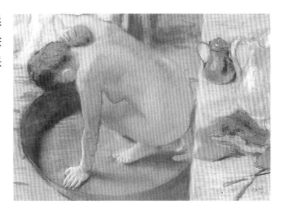

▲ 图8-14　色粉笔画（德加　作品）

应用训练

1. 尝试运用水粉的工具和颜料进行色块平涂练习，了解其特性。
2. 尝试运用水彩的工具和颜料进行练习，了解其特性。
3. 尝试运用国画的工具和颜料进行练习，了解其特性。

第九章　色彩基础知识

- 第一节　色彩概述
- 第二节　色彩的调配
- 第三节　色彩的色调
- 第四节　色彩的象征意义

学习目标

通过色彩基础知识的学习，掌握色彩的基本概念和调色方法，培养对色彩的认识、感觉和审美能力，并将色彩知识训练与服装专业紧密结合，以提高设计创造能力。

第一节　色彩概述

在人们生活的这个璀璨斑斓的美丽世界里，色彩让万物充满了生机，也让人们可用其尽情地宣泄情感、表现自己的喜怒哀乐（见图9-1）。色彩是表现形的重要手段，是造型艺术的要素之一，能够了解色彩的特性、正确地使用色彩是极为重要的。

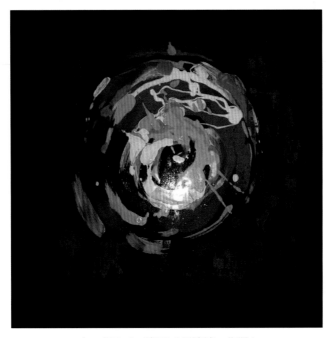

▲　图9-1　漆画（刘婷婷　作品）

一、色彩的产生

色彩的产生靠四个基本条件：光、物、眼、脑，即光照射物体，物体对光产生吸收或反射，反射光刺激人眼并通过视神经系统传入大脑，完成对色彩的感受过程。

1. 光与色

色彩是光的一种表现形式，五光十色的物象都是在光的照射下反映的，物体在受光的情况下折射出色彩，没有光就没有色，漆黑无光的夜晚是什么色彩也看不到的。因此，可以说色彩的产生来自光的照射。

英国物理学家牛顿通过三棱镜折射阳光的实验证明，太阳光是由红、橙、黄、绿、青、蓝、紫七色不同波长的色光光谱组成的（见图9-2）。人们所看到的光线是单一的白色，但白光中存在着不同的色光，同一个物体上的颜色不同是由于吸收和折射了不同的色光。

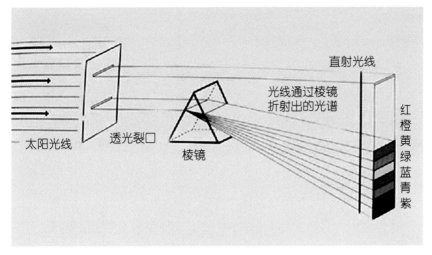

▲ 图9-2 牛顿三棱镜实验

2. 眼睛的功能与色彩感知

人们不停地在感知身边丰富多彩的世界，其中有80%以上的信息是由眼睛获得的，眼睛是感知外部世界的主要器官。作为人的视觉器官，在看东西时，光线从眼睛前面进入眼球，通过角膜、瞳孔、晶体、玻璃体到达视网膜，然后把收集来的各种各样的信息通过不同的神经传递给大脑，经过大脑的综合分析后作出判断并发出命令，指挥人体的其他器官做出反应，从而认识和了解世界。

人的视知觉是人们认识物体的色彩形状，区别物体的空间、位置、大小肌理的一个重要功能。人的视网膜吸收光线以后，视神经把视觉的信息送到大脑，产生光和色的感觉。没有视觉，就不会有任何的色彩感觉。由于人的视觉器官及生理方面的原因，对色彩的感觉会有偏差，有色盲和色弱之分。有的人只能感知色彩明暗的变化，不能辨别各种色彩属于色盲；有的人虽然能分辨各种色彩，但对色彩的感觉不敏锐，看到的颜色较灰、较淡，被称为色弱。

眼睛让人们更真实地去认识、体味世界（见图9-3），感觉的程度直接决定了生命的层次。在色彩写生时，要特别注意保持对物象的第一印象，因为第一印象最深刻，也比较准确，随着观察时间的延长，视觉敏感性随视网膜中的视锥细胞与视杆细胞的消耗而有所减弱，对色彩的视觉感受力就会减弱或迟钝。

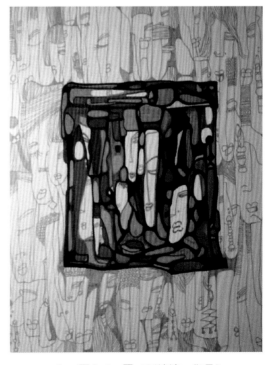

▲ 图9-3 思（刘婷婷 作品）

二 物体的基本色彩

众所周知，物体的色彩是靠光来表现的，有光才有色彩；没有光，整个世界都是一片黑暗。

1. 固有色

固有色，一般指物体在正常日光照射下所呈现出的固有的色彩。因为物体本身并不存在恒定的色彩，所以这个概念不是非常准确，只是便于人们对物体的色彩进行观察分析、比较研究。

认识物体的固有色，就是在分析事物矛盾的特殊性。比如，在正常日光下我们观察黄色系兰花（见图9-4），这些花呈现了不同的色彩面貌，而这种"不同"或者"差异"就是物体各自的固有色。

▲ 图9-4 兰花

2. 光源色

光源色，指光线照射物体后所产生的色彩变化。

在日常生活中，照射物体的光线有多种来源，冷光有日光、灯光、月光等，暖光有白炽灯光、火光等。一般来说，自然光下，在室内的物体通常是暗部暖亮部冷。因为光源是冷的，光源照射在亮部，亮部冷，那么暗部与亮部相比就是暖的了（见图9-5）。像太阳光，由于季节和早、中、晚时间的差异，所呈现的光线冷暖也是不一样的，夏天阳光直射光线偏冷，冬天阳光则偏暖。

不同的光源会导致物体产生不同的色彩。比如我们观察教室里的同一面白墙，清晨墙面上呈淡黄色偏冷调，中午阳光的照射下呈白色，下午夕阳照射呈橘红色偏暖色调，月光下呈灰蓝色。

3. 环境色

光照射在一个物体上，并透过照射在这个物体上的光线反射到靠近它的另外一个物体上，使另外的这个物体上有了它的颜色，这就是环境色。如图9-6所示，绿瓷瓶受旁边红色瓷瓶影响，偏暖。

自然界中的任何事物和现象都不是孤立存在的，一切物体的固有色上均受光源色影响呈现出不同程度的色彩变化。在色彩写生实践中，一定要认识到固有色、光源色、环境色三者之间的相互关系，物体呈现何种色彩与这三个因素是分不开的。

▲　图9-5　静物（一）

▲　图9-6　静物（二）

第二节　色彩的调配

一　三原色

自然界中所有的色彩都能通过三个最基本的颜色以不同比例的调和而获得，而这三个基本色本身不能用其他颜色的调和而产生，这样的三种颜色被称为三原色（又称为第一次色）。牛顿发现七种色光并认定这七种光为原色，后来托马斯·杨和赫尔姆豪兹通过物理实验研究证实，色光和颜料的原色及其混合规律是有区别的。

1. 色光三原色

色光的三原色是红、绿、蓝（相当于大红、中绿、群青），色光混合变亮，称为加色混合（见图9-7）。彩色电视的色彩影像就是由红、绿、蓝这三种发光的颜色按照不同的比例和强弱混合成的。从物理光学实验中得出：这三种色光以不同的比例混合几乎可以得出自然界中所有的颜色。

2. 颜料三原色

颜料的三原色是品红、品青、浅黄（相当于玫瑰红、湖蓝、柠檬黄或者淡黄），颜料混合变暗，称为减色混合。印刷染料、绘画颜料、印刷油墨等各色的混合都属于减色混合。颜料的三原色相混只能调配出深灰色，不能混合出黑色来（见图9-8）。

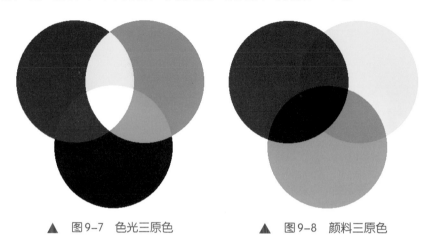

▲ 图9-7 色光三原色　　　　▲ 图9-8 颜料三原色

 间色

间色是三原色中任何两色等比例相加而成，又称为第二次色。

三 复色

复色是三原色相互混合而成，又称为第三次色。把三种原色不同比例相加或者在原色中加入一定分量的黑色，也可以产生复色。

四 色彩的基本属性

人们所能看见的颜色多种多样，但绝大多数的颜色都具有三个方面的基本属性，即色相、明度和纯度，又称为色彩的三要素（见图9-9）。

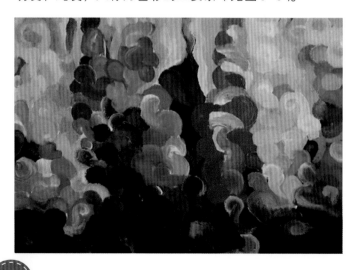

◀ 图9-9 斑斓（田计翠 作品）

色彩可以分为无彩色和有彩色两大类。

黑白灰属于无彩色系，它们不具有色相和纯度，只具有明度属性，但只要加入有彩色中的任何一种颜色，它就变成了有彩色系。有彩色以红、橙、黄、绿、蓝、紫为基本色。而通过三原色的混合可调配出宇宙万物的颜色。

1. 色相

色相是指色彩的不同相貌。

每一种颜色由于其吸收不同长短的光波而各自具有基本的相貌与个性特征，如红、橙、黄、绿、蓝、紫就是六个有彩基本色的色相。

在应用色彩理论中，通常用色相环来表示色彩系列。最简单的色相环由光谱上的6个色相环绕而成，在这6色相之间增加一个过渡色相，如在红与橙之间增加了红橙色；黄与绿之间增加了黄绿色，以此类推，构成了12色环。如果在12色相之间再增加一个过渡色相，如：在黄绿与黄之间增加一个绿味黄，在黄绿与绿之间增加一个黄味绿，以此类推，就会组成一个24色的色相环（见图9-10）。

2. 明度

明度是指色彩的明暗程度。

在无彩色中，明度最高的是白色，明度最低的是黑色，中间存在一个从亮到暗的灰色系列；在有彩色中，任何一种纯度色都有着自己的明度特征，黄色是明度最高的颜色，紫色是明度最低的颜色。同一色相、同一纯度的颜色中，调入的黑色越多明度就越低，相反，调入的白色越多明度就越高。不同明度的色彩，给人的印象和感受是不同的。图9-11是一幅显示明度渐变的作品。

明度色标是认识和区别色彩明度的重要工具。日本色研配色体系用九级，门赛尔则用十一级来表示明暗（见图9-12），都是由白-灰-黑的明暗系列要素构成色彩明度等级的。

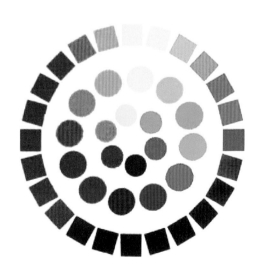

▲　图9-10　色相环

▲　图9-11　明度渐变（田计翠　作品）

▲ 图9-12　门赛尔十一级色阶

3. 纯度

　　纯度是指色彩的纯净、饱和程度，它取决于一种颜色的波长单一程度。图9-13所示为十一级纯度色。

　　纯度体现了色彩内向的品格。不同的色相不但明度不等，纯度也不相等；同一色相，纯度发生了细微的变化，就会立即导致其色彩性格产生变化。比如在红色中逐步加黑色或白色，这个红色就会变得不像以前那么艳丽了，这是因为它的纯度降低了，明度也随之降低。图9-14为一幅显示纯度渐变的作品。

◀ 图9-13　十一级纯度色

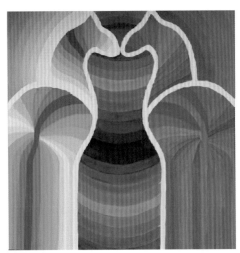

◀ 图9-14　纯度渐变（周莉莉　作品）

（五）色彩的对比

　　当两个以上的颜色放在一起，比较其差别及相互间的关系，称为色彩对比。

　　生活中的色彩往往不是单独存在的，一般在眼睛能看见的条件下，色彩对比关系时时处处都存在着（见图9-15）。由于人的视觉不同，所观察到的对比效果通常也会有不同。色彩的对比会受很多因素影响，比如色彩的面积、时间、光线等。由于光照的千变万化，物体所呈现的色彩也千差万别。即使在同一光线照射下，不同物体的不同部位的反光颜色也不相同；同一物体因受光的角度、距离和受光强度的影响，其颜色也不尽相同（见图9-16）。

▲　图9-15　涌动（刘婷婷　作品）

无彩色具有明度的属性，无彩色之间可以形成非常多样的明度对比关系；有彩色同时具有色相对比、明度对比、纯度对比。此外，色彩之间的对比还有冷暖对比、面积对比、形状对比等。

1. 色相对比

因色相之间的差别而形成的色彩对比叫色相对比。

色相在相环上的距离远近决定了其对比的强弱程度。色相对比包括以下几种。

（1）同类色对比　　同一色相的不同明度或不同纯度变化的对比，如图9-17所示的绿色与浅绿色对比。同类色对比是最弱的色相对比，对比效果统一稳重、雅致文静，但搭配不当易产生单调、呆板、层次不清的感觉。调此色调时要注意明度、纯度的深浅变化以及面积比例安排是否得当。

（2）邻近色对比　　在色相环上距离大约30度左右的对比，图9-18（a）是黄色与黄绿色的对比。邻近色对比属于弱对比类型，对比效果柔和、和谐，但搭配不当也易产生单调乏味、模糊无力的感觉。调此色调时要注意必须调节色彩的明度以加强其对比效果。

（3）类似色对比　　在色相环上距离大约60度左右、90度以内的对比，图9-18（b）是浅蓝色与浅紫色对比。类似色对比属于中对比类型，对比效果较丰富、活泼，但又不失统一、和谐和雅致的感觉。

▲　图9-16　瓶子（焦伟　作品）

▲　图9-17　同类色对比

（4）对比色对比　在色相环上距离大约120度左右的对比，图9-18（c）是红色与蓝色对比。对比色对比属于强对比类型，对比效果强烈醒目、活泼丰富，但搭配不当也易产生杂乱、刺激的感觉，造成视觉疲劳感，一般需要采用多种调和手段来改善对比效果。

（5）互补色对比　在色相环上距离大约180度左右的对比，图9-18(d)是红色与绿色对比。互补色对比属于最强色相对比类型，对比效果强烈眩目、响亮有力，但搭配不当易产生粗俗、不安定和不协调的感觉。互补色相并置使用时，应该多注意明度、纯度、面积的对比关系，注意色彩之间的协调感。

任何一种颜色都可以自己为主色相，组成同类、类似、对比或互补色相的对比。色相对比能充分满足人们的视觉、心理和情感需要。因此在应用训练中，要运用不同的色相对比进行研究训练，注意研究色相间的色相差异，把握色相之间的对比协调关系。图9-19和图9-20为两幅色相对比的作品。

(a)　　　　　(b)

(c)　　　　　(d)

▲　图9-18　色相对比

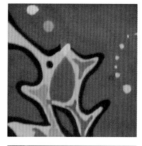

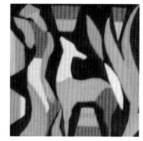

同类色	邻近色
对比色	互补色

同类色	类似色
对比色	互补色

▲ 图9-19 色相对比（一）（田计翠 作品）　　▲ 图9-20 色相对比（二）（郁鹏飞 作品）

2. 明度对比

因明度之间的差别而形成的色彩对比叫明度对比。

明度对比以11级明度色阶标为例，从黑色到白色划分成三个基调：0～3为低明度基调，4～6为中明度基调，7～10为高明度基调。图9-21为明度色标。图9-22为一幅明度渐变的作品。

对比色彩间明度差别的大小，决定了明度对比的强弱。在明度对比中，三度差以内的对比称为短调对比；四至六度差的对比称为中调对比；七度差以外的对比，称为长调对比。三

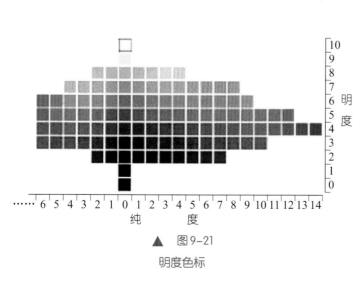

▲ 图9-21
明度色标

▲ 图9-22
明度渐变（阴乐乐 作品）

135

个基调的色彩如果按色相来搭配分为以下几种：高长调、高中调、高短调、中长调、中中调、中短调、低长调、低中调、低短调（见图9-23和图9-24）。

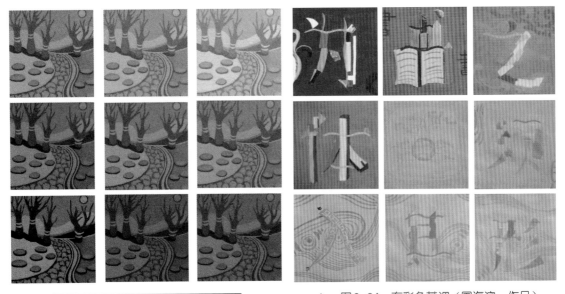

▲ 图9-24 有彩色基调（国海滨 作品）

高长调	高中调	高短调
中长调	中中调	中短调
低长调	低中调	低短调

▲ 图9-23 无彩色基调（张丹丹 作品）

按照有彩色来划分色调，黄、橙色属于高调，红、绿色属于中调，蓝、紫色属于低调色彩。高明度的色彩给人以轻的感觉；低明度的色彩给人以重的感觉。

明度对比是决定配色的光感、明快感、清晰感以及心理作用的关键。因此在应用训练中，既要重视对无彩色明度对比的研究训练，更要重视有彩色之间明度对比的研究训练，认识掌握明度的变化规律；研究色彩明度对比的效果及其感觉，把握明度基调之间的对比协调关系。

3. 纯度对比

因纯度之间的差别而形成的色彩对比叫纯度对比。

不同色相的纯度，很难规定一个划分高、中、低纯度的统一标准。同一色相，当纯度不同的颜色产生对比时，纯度高的更加鲜艳、纯度低的更加混浊（见图9-25）。

纯度对比以11级纯度色阶标为例，从灰色到纯色划分成三个基调：0～3为低纯度基调，4～6为中纯度基调，7～10为高纯度基调。

▲ 图9-25 纯度渐变（田计翠 作品）

　　对比色彩间纯度差的大小，决定纯度对比的强弱，不同的色相情况就不完全一样。在纯度对比中，三度差以内的对比称为弱对比；四至六度差的对比称为中对比；七度差以外的对比，称为强对比。三个基调的色彩如果按纯度来搭配分为以下几种：鲜强对比、鲜中对比、鲜弱对比、中中对比、中弱对比、灰强对比、灰中对比、灰弱对比（见图9-26示例作品）。

　　纯度对比对色彩所引起的视觉效果起决定性作用。一般来说，高纯度的色相明确、视觉冲击力强、使人有兴奋感，但容易使人感觉疲倦、不能持久注视。含灰色等低纯度的色相则比较含蓄、视觉冲击力弱、使人有沉静感，能持久注视，但因平淡乏味看容易厌倦。因此在应用训练中，应侧重于对色彩的纯度组合训练，以提高辨色及调色能力，把握纯度之间的对比协调关系。

鲜强对比	鲜中对比	鲜弱对比
中中对比	中弱对比	
灰强对比	灰中对比	灰弱对比

▲　图9-26　纯度基调（于敏　作品）

4.冷暖对比

　　因色彩感觉的冷暖差别而形成的色彩对比叫冷暖对比。

　　色彩有冷暖感，色彩的冷暖感被称为色性。从色彩心理学来考虑，红、橙、黄色使人感觉温暖，称为暖色；蓝、蓝绿、蓝紫色使人感觉寒冷，称为冷色；黑、白、灰、紫等色介于其间，属于中性色。色彩的冷暖对比还受明度与纯度的影响，一般的色彩加入白色会倾向冷，加黑会倾向暖。图9-27为一幅冷暖对比作品。暖色给人以前进的感觉，冷色给人以后退的感觉。如果根据冷暖关系把色立体划分为十几个阶段，那么，两端色的对比称为冷暖最强对比，差别十个阶段以上的称为冷暖强对比，差别三个阶段以内的称为冷暖弱对比，其余的称为冷暖中对比。

5. 色彩面积、形状、位置对比

色彩通过一定的面积、形状、位置表现出来。面积对比具有可以变更和加强任何其他对比效果的特性，形状对比会使色彩产生不同的对比效果，色彩所处的位置不同也会造成色彩对比的不同。图9-28为一幅色彩对比作品。

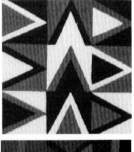
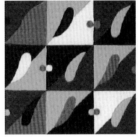

▲　图9-27　冷暖对比（孟君　作品）　　　　▲　图9-28　色彩对比（尹明明　作品）

第三节　色彩的色调

 色调概念

画面中不可能只有一种色彩，而总是通过具有某种内在联系的多种色彩组成一个完整统一的画面，表现一种色彩气氛，形成画面总的色彩趋向，称为色调。

画家钱松岩说："五彩彰施，必有主色，以一色为主，而他色附之。"在绘画中，一般以某种颜色为基调，再以其他颜色作为点缀、衬托。附色不能喧宾夺主，应以衬托主色为目的，否则就掩盖了主色，体现不出主色调（见图9-29）。

二、观察方法

敏锐的观察力和色彩感受能力，是画好色彩画的关键。许多人色彩不开窍，并非是颜色调得不好，而是没有正确地掌握和理解观察色彩的方法，所以正确的观察是准确表现的前提。通过素描、速写的学习可知，正确的观察方法是："整体观察、同时比较"，色彩也是如此。

和谐就是美，而色调是形成色彩画面中和谐统一的基本因素，画中主要元素的色彩倾向决定着画面的主体色调（见图9-30）。主体色调对于画面效果来说是至关重要的。所以在一幅画面中，每一个元素的色彩都不是孤立存在的，而需要把所画元素连同其所处的画面背景、光线、氛围等因素一块去比较、分析，以营造出某种和谐的气氛。

由于色彩的处理、表现方式不同，色调会让人产生不同的心理感受。五代山水画家荆浩在《画论》中说："红间黄，秋叶坠；红间绿，花簇簇；青间紫，不如死；粉笼黄，胜增光。"暖色调、纯色、明色以及对比度强烈的色彩，对人的视觉冲击力强，使人感到清爽、活泼、愉快，给人以兴奋感、华丽感；冷色调以及明度低、对比度差的色彩，不能在一瞬间强烈地冲击视觉，但却给人以冷静、朴素、稳定的感觉。许多伟大的作品都具有偏重某一色调的倾向而极具表现力，但一幅好的作品不一定非得给人造成怎样强烈的视觉感受，那些明度相近、色相相近、冷暖相近的"高级灰"颜色带给人的感觉是微妙的，更容易给人以心灵的撞击。图9-31为两幅体现灰色的作品。

▲　图9-29　星夜（蒙克　作品）

▲　图9-30　知鱼（李莹　作品）

三、色调分类

色调的形成同色彩的三属性等多方面因素有关。以三主色，生成三间色、三复色直至24色色相环。以色相分：红色调、黄色调、蓝色调、橙色调、邻近色调、互补色调等，以明度分：亮色调、中性色调、暗色调等；以纯度分：鲜亮色调、浊色调等；以色性分：冷色调、暖色调等。

　　把色调组合形式运用到设计中去，是色彩训练的一个重要部分。色调构成了作品总的氛围，不同色调的组合会呈现出不同的视觉效果。一幅好的设计作品要做到：色调明确，各色彩搭配和谐，色彩丰富而细腻。图9-32为色调练习作品。

▲ 图9-31　灰色（巩新　作品）

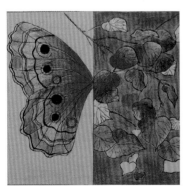 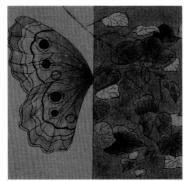 

▲ 图9-32　色调练习（国海滨　作品）

第四节　色彩的象征意义

中西方色彩的象征意义

　　色彩在不同民族中往往有着不同的象征涵义，在东西方文化之间自然也会产生很大的差异，有着各自的崇尚和禁忌。这种不同的差异是由于各自民族所处的地理位置、文化背景、审美心理的不同而产生的，是在社会的发展、历史的沉淀过程中形成的，是一种文化现象。

　　在中国文化中，色彩的象征意义是经历了几千年封建社会的洗礼、教育和近代科技相对落后的状况下形成的，是在漫长的历史进程中积淀的。色彩象征意义的形成具有强烈的神秘色彩和政治化倾向，其内涵十分丰富，体现出某种心理功能和哲学思想。如在战国时，以邹衍为代表的阴阳五行说广为流行，他用此来解释宇宙间万事万物的变化，被秦汉道家、儒家、神仙方士和后世的道教所吸取。五行即日常生活的五种物质元素：金、木、水、火、土，以此为宇宙万物及各种自然现象变化的基础，五行相生、五行相克。在五行基础上衍生五色、五方、四神、四季等。又如，中华祖先在祭祀的过程中，对阳光有一种本能的依恋和崇拜，红色的喜庆和吉祥之意自然而然地产生了。在中国的传统文化中，五行中的火所对应的颜色是红色，八卦中的离卦也象征着红色。红色象征着地位，中国古代的许多宫殿和庙宇的墙壁都是红色的，因为只有皇亲国戚才能住在红墙黄瓦的建筑中，百姓的建筑只能是青砖青瓦；红色象征着革命、权力，红色政权也是这个意思；红色象征着喜庆，是表示爱的颜色，婚礼和春节都喜欢用红色来装饰。

　　而在西方文化中，色彩的象征意义往往比较直接，因为他们经历的封建社会时间相对较短、近现代教育和科学得到普及和飞速发展，比较注重科学理性的教育和科学方法的发现，

▲　图9-33　罂（李莹　作品）

▲　图9-34　舞蹈（姜黎黎　作品）

▲ 图9-35 瓶之恋（刘婷婷 作品）

用现实的科学态度对待客观世界的认识，对待色彩的内涵和象征意义少了些神秘性而更具理性和逻辑性。例如，在许多西方古代文化群体中，人们坚信红色是生命的颜色，将红色涂在死者身上，死者能获得再生。在西方文化中，红色主要是指鲜血颜色，他们认为鲜血是生命之液，一旦鲜血流淌出来，意味着生命即将结束，所以红色会使西方人联想到暴力和危险。

色彩在生活中的重要性是不言而喻的，万物在光线下呈现出它们多彩的面目。人类的文明赋予不同的颜色以不同的含义，美国学者阿思海姆在他的《色彩论》中说："色彩能有力地表达情感"（见图9-33～图9-35）。

在东西方不同的文化背景下，色彩呈现着不同的象征意义。比如黑白两色在中国的许多地方是用以哀悼死者时所穿的丧服颜色；而在欧美则多被作为高雅、庄重的礼服或婚纱的颜色。这些色彩象征意义的产生，并不是色彩本身的功能，而是人们赋予色彩的某种文化特征。

色彩的象征随着时代、文化、社会、时尚潮流的改变而改变，现在对色彩已没有太明显的贵贱观念，完全视个人的喜好穿着。每个人都有着自己喜爱的、忌讳的某些颜色，颜色会成为人们作出选择的依据。

二 具体色彩及服饰中色彩的象征意义

1. 黑色

黑色，在中国文化中属正色，崇尚黑色在中华民族史上有着悠久的历史。夏、周、秦、汉初把黑色视为正色，是帝王和官员的朝服主色，在一些影视作品中"秦始皇"也多着黑装出现（见图9-36）。黑色，古谓天玄，在五行中属水，象征着冬天。中国古代四神（镇守四方）中的北方之神玄武即着黑衣随从执黑旗。道家也选择黑色作为道教的象征。黑色具有褒、贬两重性含义：一方面象征刚直、严肃、正义、无私等高尚品性，如在戏曲脸谱艺术中，包公、张飞、李逵等人的脸谱都是黑色的；另一方面它又给人以黑暗、阴险、恐怖、死

▲　图9-36　《秦始皇》剧照　　　　　　▲　图9-37　夜憩（刘婷婷　作品）

亡的感觉，如黑心肠、黑名单、黑帮、黑手、黑店、黑市、黑钱等。屈原在《九章·怀沙》中说："变白为黑兮，倒上为下"，"颠倒黑白"由此而来。

　　黑色，在西方不同的国家有着不同的象征意义。阿拉伯联合酋长国国旗中的黑色象征着战斗。蒙古人把黑色视为敌人、丧事的化身，将其列为禁忌之色。古印度人认为黑色是生命的象征。黑色在大多数西方国家里象征着死亡、凶兆、灾难、不祥，如飞机上的"黑匣子"指的是飞行记录器，为了便于飞机失事寻找，它的外壳一般是黄色或橙色的，而并不是黑色的。有了这个象征意义，世界各国都用"黑匣子"来比喻这个不祥的飞行记录器。还有"黑色十三"和"黑色星期五"等说法。从一些英文词组中也能看出西方人在精神上对黑色的摈弃和厌恶，如：black guard（恶棍、流氓）；blackmail（敲诈、勒索）；a black mark（污点）；blackwords（不吉利的话）等。图9-37为一幅黑色调作品。

　　黑色象征着严肃，是出席庄重场合最常用的正规服装颜色；黑色象征着神秘、性感、高贵、惊艳，是众多明星、名人、大众喜爱的颜色(见图9-38)；黑色也象征着执著、冷漠、个性，是流行女装经久不衰的颜色；同时，黑色也象征着黑暗、悲哀、压抑，是哀悼死者时所穿的丧服颜色。

　　著名服装设计师Sonia Rykiel说过："黑色在人强时最能衬出优点，但人弱时却不敌黑的力量。"黑色是各种颜色最佳的搭配色，但选择或设计黑色服装时要慎重，因为黑色可以穿得极奢华，也可以穿得极贫穷，要将所选择的服装款式、质感、风格与着装者的身材、肤色、气质等诸多因素相结合。

▲　图9-38　珍妮·杰克逊

2. 白色

白色，在中国文化中属正色，商朝崇尚白色。白色在五行中属金，象征着秋天，四神中的西方之神为白虎，也谓刑天杀神，主萧杀之秋，常在秋季征伐不义、处死犯人。因此，白色象征死亡、凶兆，是枯竭、无生命的表现。传统上，白色也被当作哀悼的颜色，如"披麻戴孝"办"白事"，设"白色灵堂"、出殡时"打白幡"等。但中国一些少数民族是崇尚白色的，如蒙古族、满族、白族、纳西族。白色同样具有褒、贬两重性含义：一方面象征纯洁、脱俗、神圣、清新等高尚品性，如出污泥而不染的白莲花、治病救人的白衣天使等；另一方面它也象征失败、愚蠢、阴险、浅薄、没有功名，如举"白旗"表示投降，京剧中曹操称为"白脸"奸雄、文人称作"白面书生"、平民百姓称为"白丁"等。

白色，对于西方人来说，被认为是高雅纯洁的，是崇尚色，因为他们主要着眼于色彩的本身，如新下的雪、新鲜的牛奶及百合花的颜色都带给人清新的好感。在基督教中，白色是天国的颜色，是上帝的象征。白色是西方传统婚礼中新娘婚纱礼服的色彩，象征着爱情的纯洁与坚贞。从一些英文词组中也能看出西方人在精神上对白色的喜爱，如a white soul（纯洁的心灵）；white hand（廉洁、诚实）；white men（高尚、有教养的人）等。

白色的优雅、明快、朴素、简洁以及不带有强烈压迫感的特质，最能表现一个人高贵的气质，比较适合职场人士穿着。着白色上衣会给人做事干净利落的感觉，白色可以与任何颜色搭配，与纯度高的色彩相配效果明亮而热烈，给人活泼感；与纯度低的色彩相配效果明朗而高贵，给人成熟稳重感；与浅色搭配效果文雅而大方，给人纯洁、青春的感觉。除非是特殊场合、特殊职业者，身上的白色面积不宜太大，通常与其他色彩搭配使用，如在宴会场合穿剪裁时尚的白色礼服需搭配一些色彩适宜的首饰配件。图9-39所示为白色图例，图9-40所示为白色礼服。

▲ 图9-39 白色图例

▶

图9-40 白色礼服

3.红色

红色又称为赤色，在中国文化中也谓朱色（正红），属正色，是人们普遍偏爱的颜色，体现了中国人在精神和物质上的追求。红色在五行中属火，象征着夏天，四神中的南方之神为朱雀。在中国，红色是最强有力的色彩，象征着喜庆、吉祥、幸福、权威和崇高，代表着热烈、欢快的情绪，是一种雄壮的精神体现，如过年要贴红对联、红福字，喜庆日子要挂大红灯笼，结婚时要贴大红"喜"字，把兴旺称为"红火"，给人发奖金称为"送红包"等。红色被认为具有刺激效果，能激起人雄性荷尔蒙的分泌，容易使人产生冲动，所以在一些大型比赛中常见中国运动员身着红色服装，其象征意义非常突出。喜庆的红色给人们造成了强烈的视觉刺激（见图9-41）。

红色，在西方文化中褒、贬含义差距很大：一方面它象征着残暴、流血，是"火"、"血"的联想，如The red rules of tooth and claw（残杀）、red revenge（血腥复仇）；另一方面它又象征着喜庆、热情、热爱，如red-letter day（喜庆的日子），the red carpet（隆重的接待）等。基督教认为，红色代表基督的热忱，所以红色是圣母、圣父、圣子的宗教服色。红色，在不同的国家和地区有着不同的象征意义。如马来西亚人的服饰就偏好红色、橙色和其他一些鲜艳的颜色。

红色象征激烈、温暖、活力、兴奋，是一种鲜艳、热烈的喜庆之色（见图9-42）。粉红色可作为春季服装的颜色；强烈的艳红色适于夏季，深红色可作为秋天的理想颜色。红色适合与黑、白或不同深浅的灰色系搭配，红色与绿色搭配时要注意搭配的比例及颜色的纯度，脸色泛黄的人不适宜于穿着红色衣服。

◀ 图9-42

婚纱（蔡美月　作品）

▲ 图9-41　红色图例

4. 黄色

黄色，在中国文化中属正色，汉代之后备受历代统治者青睐。黄色在五行中居正中央，属土，代表着大地之色。《周易》中记载："天玄而地黄"。在中国古代社会中，黄色象征着中央权力、国土之义，代表着权势、威严，所以黄色是极其高贵的色彩，是帝王家族的专用色彩，平民百姓是不能随便使用黄色的，如天子的龙袍是"黄袍"，天子的诏书是"黄榜"。而在一些古装电视剧中，也不难发现平民百姓一般身着明度、纯度都很低的青灰色系服装。黄色，在满族中象征吉祥，在蒙古族中象征神圣和至高无上，在佛教中象征着佛光普照，就连人们办喜事也要选"黄道吉日"。

黄色，在西方文化中，会使人联想到背叛耶稣的犹太所穿衣服的颜色，被视作卑劣，所以黄色带有不好的象征意义。人们常用黄色来表示对卑鄙小人、懦弱者及庸俗低级物品的蔑视之情，如yellow dog（卑鄙的人）、yellow-livered（胆小的）、yellow press（黄色报刊）等。黄色，在不同的国家、民族及历史时期中有着不同的象征意义。在巴西，黄色被视为绝望的颜色。在伊斯兰教中，黄色是死亡的象征。在基督教中，黄色象征着上帝的智慧、天国的光明。在今天的西方社会里，黄色被普遍认为是金钱财富、权力、尊贵、永恒的象征。

黄色亮度最高，有温暖感，给人快乐、希望、智慧和轻快的感觉，象征着权力、骄傲、智慧之光。深浅、明暗不同的黄色带给人不同的感觉，橙色调的黄色使人感觉温暖，柠檬黄色给人凉意。因为黄色过于明亮，性格非常不稳定，与其他颜色相配的时候一定要慎重。浅黄色可与咖啡色搭配，但不适宜与深蓝及深绿互相搭配。

图9-43为黄色图例，图9-44为一幅黄色调的作品。

▶
图9-44　魅
（王宇晓　作品）

▲　图9-43　黄色图例

5. 蓝色

蓝色在古代又称为青色，在中国文化中属正色，荀况说："青，取之于蓝"。蓝色在五行中属木，象征着春天，四神中的东方之神为青龙。中国自古就有"踏青"的习俗，蓝色象征着生机盎然的春天。蓝色在古代一般是平民的服装颜色，也有一些文人雅客喜欢着青色以示清高、寂寞、怀才不遇。

蓝色，在西方文化中，是高贵的颜色。蓝色一方面是名门血统、高贵身份的象征，如 blue blood（名门望族）、blue ribbon（最高荣誉的标志）；另一方面蓝色又象征着忧郁、沮丧，如 feel blue（不高兴）、things look blue（事不称心）。阿斯海姆在评析蓝色时说："蓝色像水那样清凉"。蓝色是海洋的颜色，蓝调音乐是指的悲伤的音乐，蓝色总是传递给人们冷的感觉。

天蓝色是天空的颜色，象征着深远、理智、诚实、专心，是令人安静并放松的颜色；湖蓝色，让人沉浸在静谧的、波光粼粼湖水中，象征着等待；宝石蓝会给人高贵的感觉，并且引起人们的注意；孔雀蓝，是蓝色中最神秘的一种，代表的意义是隐匿；深蓝会给一些容易接受暗示的人以压迫感，但是又会让保有乐观态度的人产生放松的心态；海军蓝是最理性的色彩，象征着权威、保守、务实与中规中矩。

蓝色，具有紧缩身材的效果，着蓝色系服装给人的感觉如海洋般清新宜人。蓝色最容易与其他颜色搭配，与白色相配，能体现柔顺、淡雅、浪漫的气氛，给人感觉平静、理智；与黄色相配，对比度大，较为明快；但搭配蓝色时也要注意色彩比例等诸多因素。

图 9-45 为蓝色图例，图 9-46 为一幅蓝色调作品。

图 9-45　蓝色图例

◀ 图 9-46
阁楼
（祁刚　作品）

6. 绿色

绿色，在中国传统文化中属间色，孔颖达疏："绿，苍黄之间色"，因此绿色在古代社会象征低贱，如元朝以后的娼妓都得头戴绿巾以示地位低下，因妻子有外遇而使丈夫脸上无光被称为给丈夫戴"绿帽子"。绿色的含义也有两重性，它一方面表示侠义，如聚集山林、劫富济贫的人被称为"绿林好汉"；另一方面它还表示邪恶，如"绿林"之中也不少是占山为王、拦路抢劫、骚扰百姓的盗匪。但在今天的社会里，绿色是大自然的代表色，是和平、希望、青春、理想的象征，而且能对人的神经疲劳起到调节作用，被各行各业广泛运用。

绿色，在西方文化中的象征意义，跟青绿的草木颜色有很大的联系。绿色是植物的生命色，在基督教中象征着复活和希望。在其他国家，如古埃及绿色是信奉的颜色，象征着生命的轮回。在阿拉伯国家，绿色是神圣的象征，他们国旗的底色就是绿色的。阿思海姆说："绿色能唤起自然的爽快的想法。"在英语词汇中可看出绿色象征着青春、活力、新鲜，如in the green wood（在青春旺盛的时代）、a green old age（老当益壮）；它另一方面也象征着幼稚、没有经验，如 as green as grass（幼稚）、a green hand（生手）。

绿色介于冷暖色中间，象征着安全、和平、理想、希望、新鲜、健康、和睦、宁静。绿色适宜与金黄、淡白搭配，容易产生优雅、舒适的气氛。绿色总是作为秋冬的主流色之一，嫩绿色别具春天气息，草绿色给人春暖花开的感觉，而橄榄绿则给人稳重温和、舒适关爱之感。穿着绿色系统服装时，宜用黄色点缀或是白色搭配，因为绿色本身很难与别的颜色相配合，如果浅绿色配红色或黑色，要非常注意色彩搭配的面积，否则容易造成太土或太沉闷的感觉。

图9-47为绿色图例，而图9-48为一幅绿色调作品。

▲ 图9-47　绿色图例

图9-48　▶

欧柏兰奴

（罗峥　作品）

7. 紫色

　　紫色，在中国传统文化中属间色，但与黄色同属于至尊之色。这是由于几千年的道教影响使其披上了高贵而神秘的外衣。道教认为，天帝居于天上的"紫微宫"（星座），故而以天帝为父的人间帝王以紫为瑞，作为祥瑞、高贵的象征。道家把练成的仙药取名为"紫河车"，尊奉最尊贵的神仙为"紫皇"，称神仙居住之地为"紫府"、"紫台"，皇帝居住的天空有"紫微星"显现。这种思想逐渐被封建帝王所采用，如皇宫叫做"紫禁宫"；帝王所在区域称为"紫禁城"；把道书称为"紫书"；称吉瑞之气为"紫气"；把"紫色"作为一品高官的朝服色，"紫色门第"意味着高贵人的家族，"着紫"则成为封建文人奋力追求荣禄的目标。杜甫在《秋兴》中言："西望瑶池降王母，东来紫气满湘关"，紫气东来有着祥瑞、美好希望的寓意，春联中多用此来期盼美好的生活吉祥如意。

　　紫色，在西方文化中的象征意义也跟帝王将相和宗教有关。基督教中，紫色是用于对上帝表示敬意的颜色，同时也是古代统治者专用的色彩，穿紫色是比穿金色更高等的一种特权。古希腊时，紫色作为国王的服色使用。在古罗马帝国，只有皇帝、皇后和皇位继承人才有穿紫色染成的披风的权力，大臣和高官只允许在长袍上装饰紫色的镶边，而除此之外任何人不得穿紫色的衣服，否则将被处以死刑。紫色代表的是权力，也成了强权的象征，从一些英文词组中也能看出紫色的权威性，如the purple（帝位、王权）、be raised to the purple（升为红衣主教）、be born in the purple（生在王侯贵族之家）等。

　　紫色是女孩子最喜欢的颜色，给人神秘、高贵、优雅、冷艳的感觉。在自然界中，紫色

▲ 图9-49　紫色图例

▲ 图9-50　U牌（刘勇　作品）

最少，致使紫色颜料价格昂贵，自古以来一直作为高贵服装的颜色为人们使用。紫色不宜大面积使用，有恐怖感。暗紫色低沉、消极，表示迷信和不幸；红紫色温和明亮，是爱的象征；蓝紫色冷艳、神秘，象征着孤独和献身；淡紫色优雅、浪漫，是少女的颜色。

图9-49所示为紫色图例，图9-50为一幅紫色调作品。

其实，服饰的美不美，关键在于搭配得体、和谐则美。配色时，应该考虑到穿着者的年龄、身份、季节及所处环境的风俗习惯，选择一两个系列的颜色为主色调，占据服饰的大面积，其他少量的颜色为辅，作为对比、衬托或用来点缀装饰重点部位，并运用色彩的感觉，修正掩饰身材的不足、强调突出自身优点，以取得多样统一的和谐效果。最主要是全身色调的一致性，取得和谐的整体效果。

图9-51～图9-55为几幅色调处理较好的作品。

▲ 图9-51 春（李玉洁 作品）

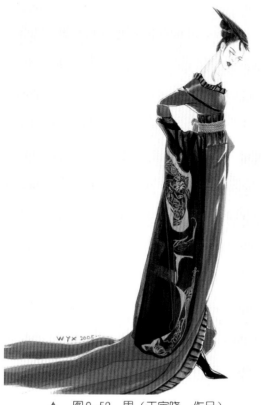

▲ 图9-52 思（王宇晓 作品）

▲ 图9-54 恋（王宇晓 作品）

▲ 图9-53 魅（王彩霞 作品）

▲ 图9-55 涩（王彩霞 作品）

1. 三属性推移

（1）色相环　以颜料三原色为基本色相做环式形状排列，然后在各色相中间求中间色，调出十二色相环（每色相间距为30度）、二十四色相环（每色相间距为15度），调和时要掌握正确的调配方法，尽量做到等量相加，了解色彩之间的关系。

（2）色相推移　根据画面需要选择色相，色阶数不限，将色相带入画面抽象图形中，形成有主调的色相推移画面。

（3）无彩色明度推移　在黑色与白色之间混成不同明度的九级灰色，按照黑、白在两头，等量调和后按秩序排列，再带入抽象图形内，构成画面。

（4）有彩色明度推移　把十二色相环中的所有色相依次排列，中间为纯度色相，一边加黑、一边加白，按照等量调和后按秩序排列各形成九级明度变化系列。

（5）纯度推移　任选一种纯色，加入同明度或不同明度的灰，按灰色到纯色的等差秩序排列起来，构成不同明度的纯度渐变，并将调和的色彩带入抽象图形内，构成画面。

（6）三属性综合推移　以其中一种属性为主，另一种属性为辅将色彩带入抽象图形内，构成画面。

2. 色彩的对比练习

（1）色相对比　选择色彩互相搭配，带入到简单而生动的构图里，完成同类色、邻近色、类似色、中度色相、对比色、互补色的对比练习。

（2）明度对比　用2～3种色彩通过搭配，带入到简单而生动的构图里，完成高长调、高中调、高低调、中长调、中中调、中短调、低长调、低中调、低短调的对比练习。

（3）纯度对比　用2～3种色彩通过搭配，带入到简单而生动的构图里，完成鲜强对比、鲜中对比、鲜弱对比、中中对比，中弱对比、灰弱对比、灰中对比、灰强对比练习。

（4）冷暖对比　用5种之内的色彩通过搭配，带入到简单而生动的构图里，完成冷暖强对比和冷暖弱对比的练习。

（5）色彩的面积对比　任选4种色彩，带入被分成4种不同面积的同一构图里，用变换色彩位置关系的方法构成4种不同色调的画面。

（6）色彩的形状对比　用3～4种色彩通过搭配，带入到简单而生动的构图里，保持色彩、面积不变，将色彩形状用集中与打散的方式构成3幅对比强度不同的画面。

（7）色彩的位置对比　用2～4种色彩通过搭配，带入到简单而生动的构图里，用同一底色作背景，色彩在画面中的面积不变，位置变化，形成4幅画面。

3. 色彩的色调练习

根据各种色调的构成方法，将设计好的色调带入到简单而生动的构图里，进行色彩搭配。

4. 色彩的心理联想练习

（1）用色彩表现华丽与朴实。

（2）用色彩表现春、夏、秋、冬。

（3）用色彩表现遐想、宁静、活跃、沉思。

（4）用色彩表现4个人物形象。

第十章　色彩静物写生

- 第一节　色彩的观察方法和表现方法
- 第二节　作画的步骤
- 第三节　水粉画常见问题分析

学习目标

　　通过色彩静物写生，掌握正确的观察方法和表现方法，以写实色彩表达主题，提高色彩的感受能力和表现能力。

第一节　色彩的观察方法和表现方法

色彩的观察方法

　　正确的色彩观察方法是很重要的，学习色彩写生，首先应该知道，色彩静物写生是画静物之间的色彩关系，它不是对静物原色的复制，这是一种意识，有了这种意识才能够正确地观察色彩、看出色彩，进而合理地表现色彩。

　　初学者往往有这样的体会，明明是一个橙色的橘子，却偏偏要用几种颜色才能把它表现出来，一个蓝色的衬布不只是用蓝色铺就而成。因此初学者首先应养成好的观察方法，能看到颜色并合理地表现出来。在色彩写生过程中，培养整体观察的习惯至关重要，它是色彩写生的第一步，也是关键一步。

　　整体观察的方法即通过静物间的相互比较感受色彩倾向的方法。比较，即比较色彩之间的色相、明度、纯度及冷暖等关系的不同，从而正确运用色彩表现静物。如一组静物中几个物体的暗部或投影比较深暗，但不能把这些部位笼统地处理成暗黑色，而应参照物体固有色、环境色的关系整体进行色彩比较，找出它们的色彩冷暖变化，画出它们的微妙差别；再比如一组静物中，不同部位的几个苹果，即使颜色看上去大体是相同的，但在色彩写生时应通过比较，根据位置及细节的不同进行刻画，也就是根据画面的视觉需要把它们之间的差别画出来，如重点部位的苹果刻画得相对精彩，获得与主体物有对比、有衬托，起到协调画面的效果，而次要部位的苹果不做过于细致的刻画，以免喧宾夺主。这样比较地观察容易克服孤立、局部观察物象的弊端（孤立局部地观察物象，会使有区别的同类色画得相同，物体的色彩之间缺乏呼应与协调，表现的整组静物色彩联系性差，出现散乱的感觉，没有美感）。因此，在色彩写生过程中，无论每个人的习惯与偏爱如何，都必须遵循绘画艺术的基本规律：即整体—局部—整体这样一个表现过程。

色彩的表现方法

1. 水粉画整体技法

　　水粉画既吸收了水彩画的薄涂技法，可以表达出明快、柔和的效果；又可兼有油画厚堆的技法，使画面厚重，覆盖力强。因而形成了水粉画自身的表现技法。

　　水粉画技法基本上分为湿画法和干画法两种。两种方法在水粉画写生中常常是结合运用的。

　　湿画法通常是指作画时调色较稀薄，颜色较为滋润。一般是在纸面湿润、颜色未干时进行颜色之间的衔接，没有明显的笔触，甚至可以表现水色淋漓的绘画效果，画面效果细腻而柔和（见图10–1）。

　　干画法主要指在作画过程中，调色时用水较少，笔头较干，用色较厚。用厚画法作画时，用笔蘸色要饱满，掺水应较少，表现物象时下笔要肯定有力，笔触方向感明确（见图10–2）。大多用来表现形体转折明确、体感突出、结实厚重的物体，如静物中的主体物。

　　一般在绘画过程中，两种方法结合使用会得到较好效果，如开始使用湿画法一气铺好大的画面关系，表现柔软的衬布及物体暗部的色彩等；亮部的色彩和近处物体的色彩多采用厚画法，画得厚一些、实一些，突出物体间的前后及空间关系。整理阶段多用干画法在必要的部位继续刻画。这需要在实践中不断体会总结，方能得心应手。

图10–1 ▶

静物：绿瓜

（保罗·塞尚 作品）

◀ 图10–2　干画法

2. 水粉画笔法

画笔是绘画表现的主要工具，如果发挥得好，画面可以产生独特的表现力。中国绘画对用笔一直很重视，因为它是显示画家功力的重要因素。在水粉画中，讲究用笔方法和追求笔的表现效果也是很重要的，笔的大小、软硬、形状以及不同的用笔方法，都可以产生不同的笔触效果。根据不同的对象，使用不同的笔法，可以真实而生动地表现出复杂多样的形象，增强画面的气氛和意境，表达出画者的激情，许多精彩别致的色彩绘画，笔法起了很大作用。

水粉画常用的笔法有摆、刷、擦、扫、揉、拖、点、勾等。

① 摆：用色较干或厚一些，一笔一笔摆上去，一般要求用笔要肯定、明确，有较强的形体塑造力和艺术表现力，笔触较明显，是水粉画中的常用笔法，多用于主要物体的刻画。

② 涂：也称刷，指用较大的笔在画面上来回摆动，一般在大体设色时用得较多，笔上含水分较多，主要是用来表现大面积的色彩，如背景、衬布等。

③ 擦：指笔中水分较干，蘸上较厚的颜色，用笔头、笔身、笔根、正面、侧面在画面上来回擦动，产生虚实交错、干湿有致的画面效果，以增加画面厚实感。

④ 扫：笔中水少色多，用笔梢在画面上轻轻扫过，基本上顺一个方向，以增强质感。

⑤ 揉：用笔幅度小，在画面上轻轻转动，目的是减弱笔触和色块生硬的感觉。

⑥ 拖：用含色较干的笔，在画面上顺锋运笔，随意性较强。

⑦ 点：用笔尖或笔肚在画面上点出大小不同的点。点的形状很多，有方点、圆点、长点、三角点等。物体的高光、反光及细小的部位都要靠点去表现。

⑧ 勾：是线的一种表现方法，用扁笔切线，用圆笔画弧线，多用于整理阶段的细节刻画，但用线要根据画面需要，注意轻重虚实和前后关系。

随着时代的发展和新工具、新材料的应用，越来越多的技法得以运用，应在学习中不断地吸收和总结，把好的技法运用到服装设计中去。

第二节　作画的步骤

 构图、起形

1. 构图注意事项

构图是绘画艺术中的一重要环节，它的好坏是一幅色彩画成功与否的关键（以图10-3为例）。构图时应注意以下六个问题。

① 作品应当通过构图，形成一个画面的最有吸引力的视觉中心。

② 构图不是照搬物体，而是利用合理的视点，选择合适的角度以寻求视觉上的舒适感，

必要时可以对物体进行适当调整。

③ 构图应采用均衡原则，主体物的摆放不要居于正中或太靠边。

④ 构图大小要合理。物体太大、太满，会显得空间局促；太小则显得画面太空洞，因此要根据画面内容合理确定构图大小。

⑤ 构图时要避免过多的物体重叠，造成画面拥挤，而且画面过于拥挤，也不好将物体的形体结构、透视关系及比例正确地表现出来。

⑥ 构图要体现出物体的前后关系，力求画面完整而又富于变化。

2. 构图、起形要领

起形即定物体的外形和位置，也叫勾轮廓。

① 起形时要整体观察，构图一般多为三角形构图、不规则梯形构图及椭圆形构图等，静物较多时还会采用复合三角形构图。构图时应根据静物及作画者的角度确立画面是横幅或竖幅，然后从整组静物的外形入手，找出物体与物体之间外形的大体连线，用简单的几何外形确定位置（如图10-4所示）。三角形构图应避免等腰三角形，使画面呆板。初学者大多喜欢从某个感兴趣的物体出发推着画，这样容易出现构图太大或太小的弊端，因此应养成从大局入手整体观察的好习惯。

② 在真正的构图前，可先在旁边画几种不同布局、不同视点的小稿子，从中选出一个最为理想的，然后再开始真正的构图。这样做好处很多，也是一种好的习惯的养成，能避免草率引起的错误。

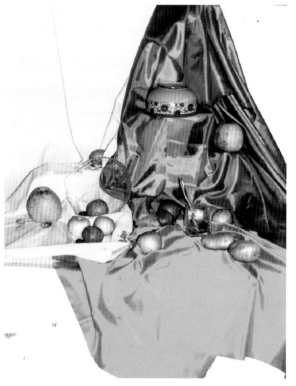

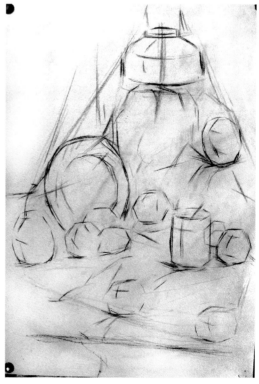

▲　图10-3　静物　　　　　　　　▲　图10-4　构图、起形

二、着色

初学者可先用铅笔勾轮廓，再以颜色定稿（多用淡蓝色或棕褐色等较沉着的水状颜色勾画轮廓结构，见图10-5）。这一步要求将形体透视、比例、结构画准确，并将明暗交界线、投影位置标出，是整理思路的过程，许多初学者不重视这一步，结果导致后来画面混乱而无法收拾，应引起重视。

1. 明确基本色调

在着色之前，首先应对静物的色调有一个总体感受。感受和识别色调可以从色相、明度、纯度及色彩的冷暖入手，比如静物的主体色相是什么？蓝调子还是黄调子？是暗色调还是亮色调？从冷暖上看是暖调子还是冷调子？从纯度上比较是灰调子还是鲜艳调子等？上述几个方面都可以帮助明确这组静物的基本色调，画者应把这种感受与认识牢记于心，并贯穿于整个作画过程。

2. 铺大体色调的方法

铺大体色调是应从主要物体入手，迅速而概括地把画面的大体色彩全面铺开，比较并把握不同物体间的色彩倾向差别，这个过程应力求色度和色相的准确性，不能过于草率，在色彩运用上要先湿后干、先薄后厚，以免深入刻画时颜色覆盖较多，产生龟裂或无法盖住底色等问题。一般从暗部、投影等深色处落笔，选用较大笔触，水分略多地将暗色一次铺好，亮面、高光暂时留出。不要过多注重细节的色彩变化，以免在某一物体上描绘过多，陷入局部的孤立刻画之中，简练概括而整体地铺色是这一阶段的主要任务（见图10-6）。

三、深入刻画

在确定画面基调以后，就可以进行深入刻画了（见图10-7）。在这一阶段里，要求具体而深入地表现各物体的色彩关系，从而表现出物体的主次、强弱、虚实，以进一步表达出物体的体积和空间关系，并表现出不同物体的质感特征，这是作画过程中最为关键的阶段。

深入刻画过程中应继续保持整体观察、反复比较的方法，画一物体时应时刻把该物体的色彩与其周围的背景及其他物体色彩进行比较，切忌在某一物体上孤立地进行刻画。

在刻画过程中，一般是先主后次、先实后虚地逐步深入，不断将描绘的局部同其他部分进行比较联系。

作画者应牢记第一感觉，分清主次关系，主体物和画面的视觉中心要重点刻画，甚至可以进行适当地夸张处理，对个别局部的细节进行调整，如加强高光、罐口、杯盘边缘的精心刻画，是加强重点物体的点睛之笔；次要部位要相对削弱，含蓄些，从而使画面整体协调又精彩。

▲ 图10-5 颜色定稿

▲ 图10-6 铺大体色调

▲ 图10-7 深入刻画

▲ 图10-8 调整完成（吴真 作品）

四　调整完成

进行完深入刻画后，进入画面调整阶段，主要是对画面进行全面地检查，调整和修改画面不入调的局部色彩。这时可把画放于远处，从大的整体关系出发，看画面是否符合自己对本组静物的第一感觉，发现不足及时谨慎调整，对那些重点物体，该加强的加强，赋予点睛之笔，突出主体；对于画面的次要部位，可大胆舍弃一些不必要的细节关系（即使相当精彩），让所有的局部服从整体，努力使画面的色彩效果响亮生动，做到画面主题明确而又富于美感（见图10-8）。

第三节　水粉画常见问题分析

在水粉写生过程中，由于初学者对色彩知识的理解较为浅显，经验较少，因此对画面的整体把握能力较弱，会出现一些弊病，现就一些常见问题进行分析。

一　粉

"粉"是初学者最容易出现的毛病，多为白色使用不当造成的（见图10-9），主要原因是画面上太多的颜色混合了白色，缺少纯度较高的色彩和比较重的暗部，画面白蒙蒙的像有层雾气；另外，色彩冷暖倾向不明确也是产生画面"粉"的原因。应明确和加强色彩的冷暖关系，避免将冷调或暖调画成没有色性的灰色。画面色彩较深、较重的地方，尽量不用白或少用白色调和，这些都是避免画面"粉"的有效方法。

二　脏

"脏"也是水粉画常见的毛病，其产生原因在于用色和用笔两方面。

▲ 图10-9　粉气

▲ 图10-10　脏

① 用色问题：一方面，色彩的冷暖、纯度关系不明确，缺乏对比；另一方面，乱用黑色，造成色彩污浊（见图10-10）。纠正这一错误首先要避免等量的对比色、补色颜料相调。要谨慎使用黑色，可通过色彩调配产生黑色，物体的暗部色彩不仅有明确的色彩倾向，而且与其他色彩相调时，可有效避免"混浊"的感觉，画面不易"脏"。

② 用笔不当：用笔过度扫、刷、擦，或着水色遍数过多，导致画面的底色泛上来，失去了色彩的色相和明度。

克服"脏"的弊病，首先要用笔用色准确肯定，尽量避免过多的洗、刷和修改，从而避免色彩混浊、显脏。

三、花

产生"花"的主要原因是画面主次不分，色彩杂乱，缺乏整体性（见图10-11）。

主要表现为画面的色彩纯度和明度关系处理不当，物体的虚实及前后关系不明确等。首先，在绘画时要依据画面主题的需要，大胆进行取舍，删掉一些与主题无关的细节，形成画面的色彩主色调，使画面宾主分明、主体突出，使每个细节的刻画符合整体的需要，这是纠正画面"花"的方法之一。其次，要避免在画面半干半湿时过多地重复，也可有效地避免"花"。

四、灰

一幅"灰"的水粉画会使人索然无味。画面"灰"的主要原因：一是色彩明度对比太弱，缺少最亮和最暗的色彩；二是色彩纯度对比不够，缺少明快、纯度高的色彩，整个画面缺乏生气（见图10-12）。

解决"灰"的问题，主要是靠加强冷暖对比和明度对比来解决。因此培养正确的观察方法，增强敏锐的色彩感受力，掌握色彩的变化规律，处理好物体间的明暗主次以及虚实、冷暖、纯度等的关系，是克服画面"灰"的主要方法。

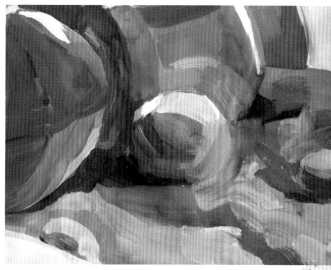

▲ 图10-11 花　　　　　　　　　　　　　▲ 图10-12 灰

五 焦

"焦"有时又称为"火",大多是因为颜色稠浓、调色不当、干画法运用太多造成的,即画面大面积地运用了原色或纯度高的色彩作画,使画面色调生硬,产生"焦"的感觉(见图10-13)。

解决"焦"的问题,应注意在调色中,避免颜色太浓、太稠。除依靠颜色本身的调配以外,还要多采用湿画法作画,借用水使色彩产生明度、纯度的变化,形成水与色、色与色的相互调配,产生丰富的色彩效果,是克服避免画面"焦"的有效方法。

以上是水粉画中常见的几种弊病,要克服这些问题,需要平时多实践、多观察、重感受、找规律。

◀ 图10-13 焦

应用训练

1. 选择不同色调的静物范画,进行临摹。临摹时,要整体观察色彩,进行反复比较,掌握色彩的规律性。

2. 按照本章所学知识,进行五组色彩静物写生。

3. 利用上题五幅作品的颜色,以小稿的形式,把画面进行提炼归纳(限六种颜色)。

静物作品欣赏

图10-14 ▶

静物（一）（塞尚　作品）

▼　图10-15　四朵向日葵（凡高　作品）

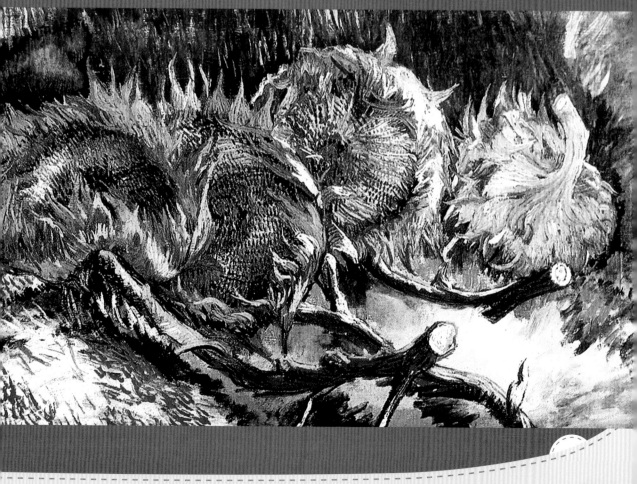

▲ 图10-16 水果静物
（弗拉曼克 作品）

图10-17 ▶
静物：立体主义之形
（弗拉曼克 作品）

图10-18 ▶
静物（二）
（达利 作品）

▲ 图10-19 静物（三）（巩新 作品）

◀ 图10-20　帘帷

（保罗·塞尚　作品）

▼ 图10-21　静物（四）（巩新　作品）

图10-22 ▶

静物（五）（弗拉曼克　作品）

▼ 图10-23　静物（六）（焦伟　作品）

◀ 图10-24
静物（七）（杜凡 作品）

图10-25 ▶
绿豆和红罂粟花
（弗拉曼克 作品）

第十一章　色彩风景写生

- 第一节　色彩风景写生的要点
- 第二节　色彩风景写生步骤

学习目标

　　通过色彩风景写生的学习和训练，理解、掌握选景、构图、透视、色调、空间等写生基本要素。在学习掌握色彩风景写生基本步骤和色彩风景写生技巧的基础上，增强色彩分析、概括和表现能力，从而提高自身的艺术欣赏与审美水平。

第一节　色彩风景写生的要点

色彩风景写生是巩固和提高色彩理论与实践知识的一个重要环节，它是再现自然到表现自然的绘画思考与实践过程。学习色彩风景写生有利于培养绘画中的审美感受能力和艺术设计能力。

画好色彩风景的前提是理解和运用色彩风景构图和表现要点，为学习色彩风景写生步骤做好思想准备。

 色彩风景构图要点

 1. 构图概念

色彩风景构图是指自然景物反映在画面位置中的构成关系和布局形式，又称画面结构。写生构图时，要了解大自然的变化规律，运用美的形式，对自然景物概括提炼、取舍夸张，紧紧围绕画面中心思想，突出创新与个性，综合全面地组织好画面的构成内容。

 2. 构图要点

（1）变化统一　构图的变化与统一就是对比与协调。在画面构图中既要注意把景物归类概括，统一安排位置，也要善于强调个体景物的变化特点，调节活跃画面。要处理好画面中同一类景物与不同类景物的对比与协调关系，学会把变化统一的矛盾体巧妙地转化为强烈对比的和谐体，使画面构图静中有动、动中见静、千变万化、不失整体、形式合理，能反映主题内容。变化与统一相结合的构图能让人感觉醒目、自然、灵活，在图11-1中两行树木的形体特点统一而有变化。

▲　图11-1　色彩风景写生

（2）主次分明 在风景构图中，主次分明就是处理好画面主体景物与次要景物的组合关系。在构图时，合理安排主体景物的画面中心位置，调节其比例、面积大小，强化其形体特征，细节得当，中心地位明确突出。画面中次要景物内容必须根据主体景物的需要进行取舍概括体现，从而修饰和加强主体景物内容，使画面整体统一，有主有次、具体分明。在图11-1风景写生中，两排树之间若隐若现的小路与路两边的树木是画面的主要景物和表达对象，所以构图时将其放在了画面的中心位置。

（3）疏密结合 在风景画面构图中，景物内容布置要点、线、面相结合，节奏感强，有疏有密，景物安排有松有紧，既能体现出风景画的空旷、空间感，又能使画面内容充实生动。在画面构图景物繁密的情况下，同样注意疏密节奏的巧妙安排，以免造成烦闷气沉的画面构图结果，地面上的草和树上枝条有多有少，稠密结合，富有节奏感（见图11-1）。

（4）对称均衡 对称均衡是风景构图的两种主要形式，对称指画面中轴线上下、左右配置相同的景物内容，构成画面视觉平衡。对称构图庄重大方、空间纵深感强，但它也存在单一、死板的特点，适合表达气势恢弘、肃穆庄严、形式规律的场面。均衡指画面中轴线上下、左右配置不同的景物内容，通过景物色彩、形体、分量的视觉感平衡画面，均衡式构图活泼灵巧、轻松自然，适合表达不规律的自然景色内容。学习理解对称与均衡两种主要构图形式，根据画面内容表达的需要，灵活应用，逐步创新。如图11-1风景中，左右两边的树木通过远景的协调基本对称，画面构图单一而不死板。

（5）层次丰富 层次丰富指画面层次的变化多样。在风景构图中，一定要注意丰富画面空间层次，合理有序地安排近景、中景、远景的位置关系，避免因画面表现内容过分简单而缺乏空间深度。中景、远景的层次关系可以简单概括一些，在近景层中应多次区分体现出物体与物体的先后空间位置关系，使画面内容充实，景物前后排列有序，空间层次感强。在图11-1风景中，地面和树都有远、中、近多个画面层次，增加了画面的空间深度，丰富了画面的表达内容。

（6）透视准确 在色彩风景构图中，透视是指自然景物在人们视觉中"近大远小"、"近实远虚"的形体变化规律。结合运用第二章所学透视知识，在构图时要找准画面视平线的位置，根据物体的透视变化特点在视平线上确定出物体线面透视的消失点，然后参照透视线依次画出物体主要的透视形体结构，增加画面构图视觉空间深度。所以合理应用透视基本规律，是塑造景物空间立体感的必然要求，有利于画面构图视觉空间的真实、科学。在图11-1中，路两边看似不很规则的树木是严格参照透视线定位的，使画面视觉空间合理。

（7）提炼概括 色彩风景写生中，提炼概括是指整体观察景物，运用归纳、概括的方式对其删繁就简，体现出物体最本质的画面形体特点。自然界中的景色形态各异，这就需要根据表达主题去选择相应的绘画景点，然后对景物内容进行观察、概括、取舍、提炼加工，最后组成理想的画面构图效果。提炼概括的方法贯穿于色彩风景写生整个过程，它有利于增强画面视觉空间的艺术性。在图11-1中，原景树木的形状要比画面中的树木复杂得多，所以必须进行大量的删减加工，提炼出树木的典型特征，才能使画面的艺术性更强。

（8）特点鲜明 在写生中，要善于仔细观察景物形态特征，敏锐地区分不同时间、不同季节、不同气候、不同地域的景物变化特点，充分地进行艺术感受、表现、夸张，培养绘画个性特点，增强画面艺术表现力和感染力。在图11-1中，画的是北方早春中午郊外的景色，在特定季节、地域、时间环境下景物特点要明确。

二、色彩风景表现要点

1. 色彩的根本

风景色彩中，光照引起了景物色彩的变化，固有色、光源色、环境色是物体最基本的组成色彩。要找出这些颜色在不同色彩环境下的颜色倾向，避免色彩概念化、简单化，使色彩表现缺少特点，千篇一律。色彩概念化是对物体颜色缺少观察、分析、比较的结果。例如，同样一种物体在不同的光线环境下和相同光线环境下色彩感觉都有不同的变化。所以，画色彩风景首先要找准物体的基本色彩，这是风景色彩表现的根本（见图11-2）。

环境色

光源色

固有色

▲ 图11-2 风景画中的基本色彩

2. 色彩的混合

色彩风景画中，色彩的混合次数决定了画面色彩的饱和程度，根据景物的远近变化增加色彩混合次数，离得越近的物体，色彩的饱和度相对越高，颜料混合次数应相对减少，反之相反。

风景写实色彩中，避免大面积使用未经混合的原色，同时也要注意多种颜色混合次数不应太多，否则会降低色彩的饱和度。

3. 色彩的要素

色相、明度、纯度是风景色彩的基本要素，是区分物体与物体空间色彩关系的标志。根据景物的前后远近关系，距离越近的物体，色相越明确，纯度相对越高，明度对比越强，反之相反。要加强色彩环境中物体的色相、明度和纯度。

4. 色彩的对比

色彩是对比出来的，色彩对比是对景物的视觉空间感受，色彩对比是强化色彩空间的关键。

风景中色彩明度对比、纯度对比、冷暖度对比、补色对比尤其重要，局部有对比，整体有对比，局部要服从整体。景物层次前后对比明显，近景色彩对比最强、中景次之、远景最弱。在整体统一的原则下，要运用色彩对比关系，加强画面色彩视觉空间效果（见图11-3）。

5. 色彩的统一

色彩的统一是指色调和色彩关系的和谐。色调是指景物整体色彩的基本倾向，又称色彩基调。风景画色调要根据季节、气候和地域景色特点的不同而确定。认真区别同一景色不同时间、不同气候条件下色调的变化，注意处理好物体局部色彩的相互联系，局部色调要服从整体色调，局部色彩变化要服从于整体色彩环境特点。只有把自然景物中变化丰富的色彩和谐地融为一体，色彩表达才会统一完美。在图11-3中，整个地面上丰富的色彩变化最后统一成土黄色调。

6. 技法的应用

技法的应用是提高画面表现效果的重要手段。风景色彩写生中提倡点、线、面综合的技法表现，要学会掌握用水技巧，用笔干脆利落，讲究色块和笔触，注意节奏。另外，根据画面特殊需要，可以使用一些辅助工具和材料表达画面的特殊效果，学会在实践应用中不断地创新和改进写生技法。

▲　图11-3　色彩的对比

第二节　色彩风景写生步骤

正确地掌握色彩风景写生步骤是风景画写生快速入门的关键，在这一阶段中，必须坚持整体－局部－整体的作画原则。根据绘画习惯，色彩风景写生步骤一般可分为以下四个过程。

一　选景、构图

确定主题表达内容后，整体、多角度地对景物进行观察，选择最能打动自己、符合表达主题的角度和景物环境取景（见图11-4），迅速进行画面构思，准备起稿。

二　起稿、铺色

初步的画面构思后，开始起稿，起稿是画好色彩风景的关键步骤。在构图起稿时必须认真理解构图要点，快速完成起稿（户外光线变化快，要养成快而准的起稿习惯）。构图中要注意景物光的变化以及投影在画面构图中的位置（见图11-5）。

铺色是指快速地画出景物的基本色彩关系和画面主色调。铺色时，先用重颜色从景物暗部画起，由重到浅（水彩相反），把对自然景色最新鲜生动的第一瞬间色彩印象迅速体现在画面上（见图11-6）。

画风景提倡使用大号画笔铺色，用水适当，颜色新鲜饱和，笔触干脆灵活，细节概括，注意色彩表现要点和第一色彩感觉，养成整体的作画意识和习惯。另外，铺大色时，暗部尽量少用白色，防止影响画面颜色的重度和饱和度。

三　深入刻画

深入刻画是进一步对个体景物及局部空间进行形体和色彩关系具体塑造和表达的过程。

▲　图11-4　选景

▲　图11-5　起稿、铺色

▲ 图11-6 铺色

▲ 图11-7 深入刻画

这是一个强化局部塑造的重点步骤，在已铺好的大色块与色调的基础上，充分运用素描与色彩的有机联系，加强对主体景物色彩关系的对比和形体塑造，使画面景物主次分明、详略得当（见图11-7）。

深入刻画时尽量保留对景物的第一色彩感觉，避免颜色概念化，不要全部否定第一遍颜色，只对不合适的色彩关系略作调整即可。详细塑造、刻画局部景物形体体积空间，逐步精确完善个体景物之间的色彩联系，丰富画面层次，处理好近景、中景、远景的色彩关系，表现出画面整体色彩空间特点。局部深入时，尤其要加强主体景物形体色彩的塑造和表达，使画面重点突出。

反复观察景物细节，巧妙运笔，准确而轻松地描绘出景物局部细节形态变化特点，才能使画面景物形体特点鲜明，颜色准确，形象生动具体，色彩关系明确，达到深入刻画的目的。

四、调整完成

调整犹如"画龙点睛"之笔，在画面基本完成时进行。调整是对画面预期写生效果的检验，在这一步骤中要多观察、勤思考、少动笔，用水和颜色要少而厚、精确、饱和、干净，从整体关系出发找出画面中存在的问题进行调整修改，协调统一画面关系，突出主题表达思想。

色彩风景写生调整要全面整理、完善画面色彩关系，根据色彩关系进一步检查补充塑造画面形体内容，画出重点物体遗漏的细节，重点突出，详略得当，颜色要精确具体，最后强化技法表现特点，统一绘画风格（见图11-8）。

自然界中景色内容十分丰富，这需要在实践中锻炼发现美的能力。同时，要学会对选景进行大胆的取舍加工，提炼概括，组成客观、完美、理想的画面构图。

初学者不宜养成从细节入手、以局部促整体的推移画法，以免造成画面整体关系的混乱。因色彩风景写生中，光线变化快，所以整个作画过程一般控制在两小时之内完成。否则，景物色彩感觉将发生很大的变化，造成画面色彩关系的混乱。

本章内容要和色彩静物写生中的相关知识点结合起来学习，有利于色彩风景写生的进一步理解和掌握。写生与临摹相结合是学习色彩风景写生有效的途径。打好素描基础是画好色彩风景写生的重要内容，速写、素描风景训练能快速地提高色彩风景写生水平。

▲ 图 11-8 调整完成

应用训练

1. 正确应用风景色彩写生知识，写生风景作品十幅。

要求：8开大小水粉纸，色调明确，主题突出。

2. 临摹色彩风景作品十张。

要求：8开纸大小，体会临摹过程和色彩风景写生步骤有何区别。

第十二章　色彩设计

- 第一节　色彩设计的源泉
- 第二节　色彩的采集与重构

学习目标

　　通过讲述色彩设计的相关知识，树立设计意识，并通过相应的课题训练，掌握其基本方法，达到在服装设计中灵活运用的目的。

第一节　色彩设计的源泉

人们每天都和色彩生活在一起，色彩是有生命力的，可以改变人们的心情，影响他们对事物的看法，千变万化的色彩总是传递着各样的信息。约翰奈斯·伊顿教授说："色彩就是生命，因为一个没有色彩的世界在我们看来就像死的一样。光，这个世界上的第一个现象，通过色彩向我们展示了世界的精神和活生生的灵魂。"世界上没有不好看的色彩，只要用心去和色彩沟通，去体会色彩的感觉，就能展现给大家一个缤纷的色彩世界（见图12-1）。

▲　图12-1　树荫下的妇女（巩新　作品）

画面形象独特、构图巧妙、色彩和谐是成功的绘画创作中三个重要因素。这三个因素中，以色彩和谐最为醒目，因为人们对色彩是相当敏感的。当接触一幅画或是一个设计作品的时候，最先吸引注意力的，就是作品的颜色，其次是形象，最后才是构图。三者相辅相成，共同构成了作品成败的关键。

每一种色彩都具有象征意义，色彩用特殊的方式诠释着不同意义的语言，传递着它的意境。因为色彩的存在，才能把创作者的意念发挥到极致。在进行创作时，要注意色彩与表现主题的协调统一，不同的题材内容需要有不同的色彩与之呼应；要注意色彩间的对比关系，对比不当会对画面造成极大的破坏作用；要注意局部色彩与整体色调的关系，使画面更加丰富感人。画面中的色彩就如同音乐中的节奏、韵律，要把握好色彩间的关系，把握整个画面，使色彩成为创作中的眼睛（见图12-2）。

◀　图12-2
在阿尔的黄房子（凡高　作品）

设计中最重要的就是创意，虽然设计时要考虑的因素会很多，但一定不要忘记自己最初的设计理念是什么，真正想要表现的是什么。

精彩的作品必然是能引起人心灵震撼，令人久久难以忘怀的。人的创意无限，要把颜色与创作意念结合起来，才会使作品更具人情味；把深刻的思想与巧妙独特的艺术形式结合起来，才会引起观众的共鸣（见图12-3）。

英国绘画大师培根说过"真正的画家不是按照事物实际存在的样子来画它们，而是根据他们对这些事物的感觉来画它们。"一个好的设计师首先是感性的，要有一颗敏感的心去体味世界，天马行空地充满幻想，不会管世俗的眼光，尽情去宣泄自己的情感，并稍微有一些理性去控制作品的整个布局（见图12-4）。

▲　图12-3　天空之城

（米罗　作品）

▲　图12-4　俘虏

（克利　作品）

第二节　色彩的采集与重构

色彩的采集重构是对收集的素材进行理解、提炼、再创作的过程。

一　色彩的采集

色彩采集的来源多种多样。可借鉴民族文化遗产，从艺术中寻求灵感，如中国的五十六个民族具有不同的民族文化，其民族服饰都很有特色，形象生动地反映了本民族的文化特征；可从美丽丰富的大自然中、异国他乡的风土人情等各类文化艺术中猎取素材。这些宝贵的人类文化遗产赋予了色彩丰富的文化内涵，组成了一部斑斓的色彩库，激发人们在色彩的海洋中自由遨游。通过色彩的采集，可以筛选出具有美感重要价值的色彩素材，提高自身的艺术修养和审美意识，不断地激发创作的灵感。

1. 体味自然

生活是艺术的源泉，任何动人的杰作，无不来源于生活。走进大自然的深处，去倾听大自然的声音，感受大自然的脉动，从而发现和捕捉生命的色彩，产生表达自己思想和情感的冲动（见图12-5）。在与大自然的亲密接触中，可以体悟"天人合一"的境界。禽鸟的羽毛、树皮的裂纹、贝壳的纹理、秋天的泥土无不包含着丰富的美的韵律，无不显示出大自然的神奇与造化。再优秀的色彩设计也比不过自然的配色经得起历史与环境的考验。培养对自然和生活敏锐的洞察力，从自然中汲取营养，增添对色彩的感受力和想象力，是提高绘画能力的基础。

▲ 图12-5　风景

2. 写生

师法造化，中得心源。写生是收集色彩素材、积累色彩形象常用的手法。写生的内容可以是室外的动、植物风景也可以是室内的静物组合，这种写生可以适当地改变或归纳物体的内容、位置、姿态等，以尊重对象原貌为主。写生，是分辨色彩复杂变化的一个重要过程，需要深入细致地观察、感知、理解对象，认识色彩之间的关系并通过自己的审美情趣对色彩进行概括与提炼（见图12-6、图12-7）。

▲ 图12-6　静物

图12-7 ▶

色彩设计：静物写生

（柳茜 作品）

3. 图片采集

收集图片，积累素材，以其为原形进行创作。不同民族的风俗人情、东西方文化的精神内涵、传统艺术与现代艺术的意识观念都可以通过图片的采集和筛选的过程来了解，这是一种艺术再创作的过程。

收集图片，感受自然，不要错过一切有兴趣的东西，而要在平凡中寻找、体味、把握灵感。

二、色彩的重构

色彩的重构是对所采集素材的色彩成分进行分析概括、取舍合并，重新构成一个新的创作。

1. 重构的分类

重构分为两大类：归纳重构和创意重构。

① 归纳重构是以原始素材为依据，在遵照原始素材整体色彩结构的基础上，进行整合取舍。这种方法更多地要考虑和体现原素材的色彩特征（见图12-8）。

② 创意重构也是以原始素材为依据，通过想象和发挥，得到新的色彩组合。这种方法更多的是考虑所想要的新的色彩组合是否与采集来的色彩风格相协调（见图12-9）。

▲ 图12-8 归纳重构（王小兰 作品）

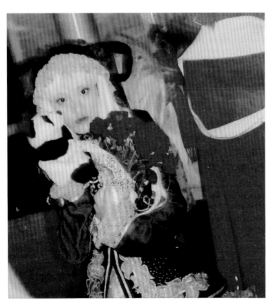

▲ 图12-9 创意重构（尚星宇 作品）

2. 重构组合的方法

其方法按色彩的面积比例可分为：正比例重构、局部比例重构和反比例重构。

① 正比例重构：基本尊重原图片的色彩比例关系，把原图片上的色彩按照面积、比例做出色标，再进行概括、归纳。这种方法可以充分体现和保持原素材的色彩面貌。

② 局部比例重构：根据设计作品需要，取原图片的一部分色彩，进行提取和归纳。这种方法可以不受原素材配色关系的限制，原素材只是给作画者以色彩启示，使运用色彩时更加自由生动。

③ 反比例重构：打破原有的色彩比例关系，形成新的构成形式。这种方法可以不受原素材色彩面积比例的限制，但重构后仍能保持原素材的一些色彩感受。

色彩的采集和重构实例如图12-10 ~ 图12-19所示。

图12-10的作者将原物体的形象、位置进行重构，形成一幅完整的画面

▲ 图12-10 静物重构（邢文菁 作品）

图12-11的作者适当地归纳、改变了原物体的形象、位置，画面以尊重对象原貌为主形成一幅完整的画面

▲ 图12-11 静物重构（柳茜 作品）

图12-12的作者大胆地把一只有趣的猩猩变成了一个人的形象，"思想的巨人，行动的矮子"，生动逼真

▲ 图12-12 图片重构（一）（李晓慧 作品）

图12-13作品中把春季时装演绎成春天的色彩,作者充分发挥了自己丰富的创造性思维

▲ 图12-13 图片重构（二）（李云丽 作品）

图12-14的重构作品是根据一款克莱斯勒汽车图片联想出来的,本作品主要运用了图片上的色彩,通过自己丰富的想象力进行表现

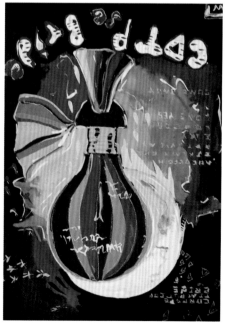

▲ 图12-14 图片重构（三）（杨杰 作品）

图12-15和图12-16两幅作品都是以京剧脸谱作为题材，通过作者各自的想象发挥，对原图进行提取和归纳，画面层次比较丰富

▲ 图12-15 图片采集（一）（国海滨 作品）

◀ 图12-16 图片采集（二）

（崔春敬 作品）

图12-17的作者通过自己的观察和灵感，充分发挥想象力，把原图片变成一幅装饰性很强的画面

▲ 图12-17 图片采集（三）（周倩 作品）

图12-18是一幅室内装饰图，作者充分发挥了自己丰富的创造性思维，画面色彩丰富、构图巧妙

▲ 图12-18 色彩采集（朱娟 作品）

图12-19的灵感来源于汉堡包，巧妙地将原图片上的色彩应用在服装设计上，表现一种时尚的、返璞归真的情怀

▲ 图12-19 图片色彩采集（李玉洁 作品）

应用训练

综合采纳第一节所学的采集与重构知识，选择以下题目进行训练。

1. 静物色彩的采集重构。

2. 风景写生中色彩的采集重构。

3. 传统色彩的采集重构。

4. 绘画色彩的采集重构。

5. 民族、民间风情色彩的采集重构。

6. 以其他元素为创意对象，进行色彩创作（突出平面性和装饰性）。

色彩设计作品欣赏

◀ 图12-20 雷锋在人间（姜黎黎 作品）

▼ 图12-21 梦（焦伟 作品）

▲ 图12-22 猫

（仇思洋 作品）

▲ 图12-23 初春

（阴乐乐 作品）

▲ 图12-24 涩

（李娜 作品）

◀ 图12-25 眸（焦伟 作品）

◀ 图12-26　静物（邱传良　作品）

图12-27 ▶

吹笛（李莹　作品）

◀ 图12-28 静物（李聪 作品）

▼ 图12-29 夏（李云丽 作品）

▲ 图12-30 暖

（侯琛 作品）

▲ 图12-31 时间

（冯浩 作品）

图12-32 ▶

空间（李明珠　作品）

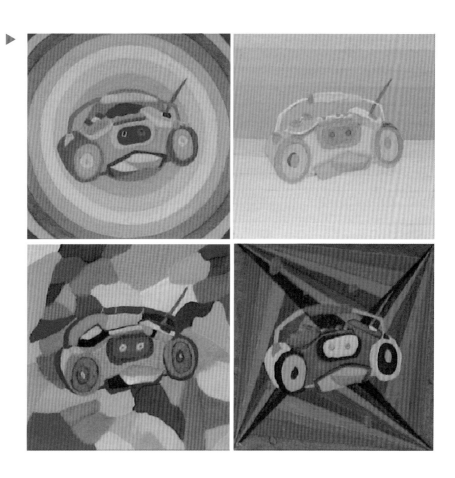

▲　图12-33　航

（张丹　作品）

▲　图12-34　天堂

（朱娟　作品）

▲ 图12-35 夏火（姜黎黎 作品）

▲ 图12-36 秋恋（姜黎黎 作品）

▲ 图12-37 蝶舞（王静 作品）

▼ 图12-38 美梦（侯琛 作品）

▲ 图12-39 转动（武树花 作品）

▲ 图12-40 逝去的记忆（杜凡 作品）

▼ 图12-41 年年有余（苗婷婷 作品）

▲ 图12-42 陶瓷（娄菁 作品）

◄ 图12-43 错落
（董静 作品）

图12-44 ▶

有致（白丽 作品）

图12-45 ▶

静物（焦伟 作品）

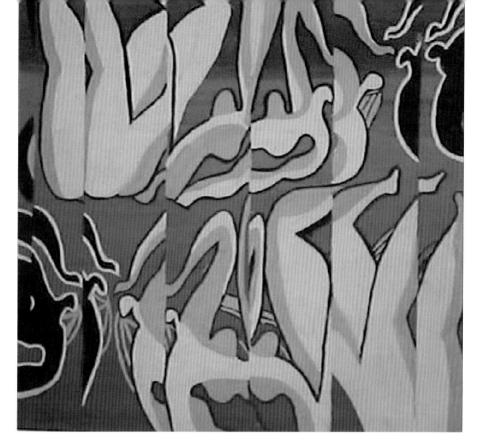

▲ 图12-46 变（陈芬 作品）

▼ 图12-47 岁月（焦伟 作品）

▼ 图12-48 斗转星移（邢文菁 作品）

◀ 图12-49　向日葵（凡高　作品）

▼ 图12-50　黄色基督（高更　作品）

◀ 图12-51
灰树（蒙得里安 作品）

图12-52 ▶
黑场（康定斯基 作品）

◀ 图12-53
船（巩新 作品）

图12-54 ▶
油画（朱德群 作品）

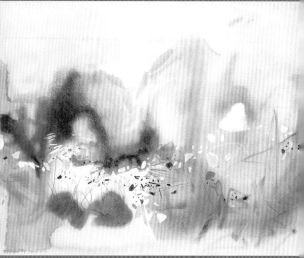

▲ 图12-55 永恒（刘婷婷 作品）

参 考 文 献

[1]　〔美〕伯纳的·齐特著. 素描艺术. 意强效营译. 杭州：浙江人民美术出版社，1992.

[2]　李莉婷. 服装色彩设计. 北京：中国纺织出版社，2000.

[3]　徐慧明，何晶. 服装色彩创意设计. 长春：吉林美术出版社，2004.

[4]　陈燕，陈敏，陈峻. 色彩设计. 上海：上海人民美术出版社，2006.

[5]　王伟. 设计色彩. 沈阳：辽宁美术出版社，2005.

[6]　史民峰，杨大禹，史河. 设计色彩. 重庆：西南师范大学出版社，2005.

[7]　黄今声. 色彩画. 第2版. 北京：高等教育出版社，2009.

[8]　李振才. 人体造型解剖. 济南：山东美术出版社，2002.

[9]　杜滋龄，孙建平. 速写基础训练. 天津：天津人民美术出版社，1988.

[10]　林家阳，鲍峰，张奇开. 设计色彩. 北京：高等教育出版社，2005.

[11]　叶写编著. 你一定能上大学——30天突破考前几何题. 武汉：湖北美术出版社，2006.

[12]　葛仲秋. 人物速写教程. 上海：东华大学出版社，2009.

[13]　於琳. 服饰速写. 上海：东华大学出版社，2009.

[14]　王培娜，孙有霞. 服装画技法. 第2版. 北京：化学工业出版社，2012.